职业教育**创新融合**系列教材

工业机器人
离线编程与仿真

凌双明　黎生方　陈强　主编

化学工业出版社

·北京·

内 容 简 介

本书内容主要包括离线编程与仿真技术介绍、工业机器人绘图写字工作站、汽车门激光切割工作站、啤酒箱搬运工作站、多类型工件搬运工作站、机器人多图形绘制工作站等。书中基于RobotStudio 讲解，采用项目式分任务介绍了每个工作站的布局和系统创建方法，工具和工件坐标的创建，机器人路径的规划和工具姿态的调整，机器人动作的程序编写、调试和仿真。为方便教学，配套视频、电子课件、思考与练习参考答案（www.cipedu.com.cn）。

本书可以作为高等职业院校工业机器人技术、机电一体化技术等相关专业的教材，还可以作为相关领域工程技术人员的参考用书。

图书在版编目（CIP）数据

工业机器人离线编程与仿真 / 凌双明，黎生方，陈强主编. —北京：化学工业出版社，2024.5
ISBN 978-7-122-45343-3

Ⅰ. ①工… Ⅱ. ①凌… ②黎… ③陈… Ⅲ. ①工业机器人 - 程序设计 - 教材②工业机器人 - 计算机仿真 - 教材 Ⅳ. ① TP242.2

中国国家版本馆 CIP 数据核字（2024）第 067670 号

责任编辑：韩庆利　　　　　　　文字编辑：吴开亮
责任校对：边　涛　　　　　　　装帧设计：王晓宇

出版发行：化学工业出版社
　　　　　（北京市东城区青年湖南街 13 号　邮政编码 100011）
印　　刷：三河市航远印刷有限公司
装　　订：三河市宇新装订厂
787mm×1092mm　1/16　印张 10 3/4　字数 264 千字
2024 年 10 月北京第 1 版第 1 次印刷

购书咨询：010-64518888　　　　　售后服务：010-64518899
网　　址：http://www.cip.com.cn
凡购买本书，如有缺损质量问题，本社销售中心负责调换。

定　　价：39.00 元　　　　　　　　　　　　　　版权所有　违者必究

前言 Preface

机器人是先进制造业的重要支撑装备，也是智能制造的关键切入点。工业机器人作为机器人家族中的重要一员，是目前技术最成熟、应用最广泛的一类机器人。工业机器人的研发和产业化能力是衡量一个国家科技创新和高端制造业发展水平的重要标志。发达国家已经把发展工业机器人产业作为抢占未来制造业市场、提升竞争力的重要途径。汽车、电子电气、工程机械等众多行业已大量使用工业机器人自动化生产线，在保证产品质量的同时，改善了工作环境，提高了生产效率，有力推动了企业和社会生产力的发展。

近年来，随着现代工业的迅猛发展，工业机器人进入了高速发展时期。机器人大量应用于弧焊、点焊、物流搬运、喷漆、打磨等领域，机器人任务内容的复杂程度不断增加；同时，用户对产品不断的更新和改造需求使机器人生产交货的周期缩短。在这种形势下，机器人离线编程技术引起了广泛的重视。

本书以立德树人为根本目标，弘扬爱国主义精神、工匠精神，注重素质培养。书中基于RobotStudio，结合了"1+X"证书（工业机器人编程与应用）中与离线编程相关的考核模块，将课程内容进行解构与重建，形成了综合教学设计项目，以学习者为中心，以实际工作过程为主线进行教学整体设计，每个项目由浅入深、由易到难层层递进，符合学习者的认知规律和项目化教学设计理念。本书依据初学者的学习需要科学设置知识点，结合企业中的典型实例进行讲解，倡导实用性教学，有助于激发学习者的学习兴趣，提高学习效率，便于初学者在短时间内全面、系统地了解工业机器人离线编程操作。每个实训部分都对从工作站搭建到仿真及调试的过程进行了详细介绍，便于读者使用。本书所授的六个项目和每个项目所对应的任务均配备了微课视频讲解以及详细的步骤操作演示。每个项目均包含所对应的工作站资源。本书采用项目式教学，任务驱动，实操性强，便于学习者理解和实践，可以作为高等职业院校机电一体化技术和工业机器人技术相关专业的教材，又可作为机电和工业机器人相关行业技术人员的参考书籍。

本书由长沙航空职业技术学院凌双明、黎生方和江苏汇博机器人技术股份有限公司陈强主编，参加编写的还有长沙航空职业技术学院龙昊、何幸葆和长沙民政职业技术学院陈杰等。具体编写分工如下：凌双明编写项目一和项目二；陈强编写项目三和项目四；黎生方编写项目五；龙昊、何幸葆和陈杰编写项目六。全书由凌双明统稿，由宋福林主审。

本书在编写的过程中得到了江苏汇博机器人技术股份有限公司有关领导、工程技术人员的指导和鼎力支持，在此表示衷心的感谢！由于编者水平及时间有限，书中难免有不足之处，敬请读者批评指正。

编者

目录

项目一
离线编程与仿真技术介绍

001～021

项目引入	001
项目目标	001
知识链接	002
一、离线编程对比现场编程的优势	002
二、常见的离线编程软件	003
项目实施	005
任务一　RobotStudio 软件的安装	005
任务二　RobotStudio 的界面认识	011
项目总结	015
项目评价	016
项目扩展	017
思考与练习	021

项目二
工业机器人绘图写字工作站

022～052

项目引入	022
项目目标	022
知识链接	023
一、绘图写字工作站布局	023
二、自动生成路径的方法	023
三、常用的鼠标导航图形	024
四、机器人坐标系	025
项目实施	027
任务一　绘图写字工作站的创建布局	027
任务二　绘图写字工作站的路径规划	033
任务三　绘图写字工作站的仿真验证	041
项目总结	048
项目评价	049
项目扩展	050
思考与练习	051

项目三
汽车门激光切割工作站

053～086

项目引入	053
项目目标	053
知识链接	054
一、工具数据 tooldata	054
二、工件坐标系 wobjdata	056
三、有效载荷 loaddata	057

项目实施　　　　　　　　　　　　　　　　059
　　　　　　任务一　激光切割工作站路径生成　　059
　　　　　　任务二　目标点的调整及轴参数
　　　　　　　　　　的配置　　　　　　　　　064
　　　　　　任务三　程序完善与仿真调试　　　　069
　　　　项目总结　　　　　　　　　　　　　　　078
　　　　项目评价　　　　　　　　　　　　　　　079
　　　　项目扩展　　　　　　　　　　　　　　　080
　　　　思考与练习　　　　　　　　　　　　　　085

项目四
啤酒箱搬运工作站
087～113

　　　　项目引入　　　　　　　　　　　　　　　087
　　　　项目目标　　　　　　　　　　　　　　　087
　　　　知识链接　　　　　　　　　　　　　　　088
　　　　　一、基础 Smart 组件　　　　　　　　088
　　　　　二、工作站逻辑　　　　　　　　　　　089
　　　　项目实施　　　　　　　　　　　　　　　090
　　　　　　任务一　动画设置和 I/O 信号关联　　090
　　　　　　任务二　啤酒箱搬运动画仿真验证　　095
　　　　　　任务三　目标点示教和 RAPID 编程　098
　　　　项目总结　　　　　　　　　　　　　　　104
　　　　项目评价　　　　　　　　　　　　　　　107
　　　　项目扩展　　　　　　　　　　　　　　　108
　　　　思考与练习　　　　　　　　　　　　　　112

项目五
多类型工件搬运工作站
114～140

　　　　项目引入　　　　　　　　　　　　　　　114
　　　　项目目标　　　　　　　　　　　　　　　114
　　　　知识链接　　　　　　　　　　　　　　　115
　　　　　一、RAPID 程序结构　　　　　　　　115
　　　　　二、I/O 控制指令　　　　　　　　　　115
　　　　　三、条件逻辑判断指令　　　　　　　　117
　　　　　四、赋值指令　　　　　　　　　　　　117
　　　　　五、其他指令　　　　　　　　　　　　118
　　　　项目实施　　　　　　　　　　　　　　　120
　　　　　　任务一　多类型工件搬运例行程
　　　　　　　　　　序的创建　　　　　　　　120

| | 任务二 | 拾取基点和放置基点的示教 | 125 |
| | 任务三 | 多类型工件搬运编程、调试与仿真 | 130 |

项目总结　135
项目评价　136
项目扩展　137
思考与练习　139

项目六　机器人多图形绘制工作站
141～165

项目引入　141
项目目标　141
知识链接　142
一、PDispOn 指令　142
二、PDispSet 指令　142
项目实施　143
　任务一　工作站的布局和系统创建　143
　任务二　创建和调试第一图形的路径　149
　任务三　坐标转换指令绘图　156
项目总结　161
项目评价　162
项目扩展　163
思考与练习　164

参考文献
166

项目一
离线编程与仿真技术介绍

项目引入

离线编程是指通过软件,在计算机里建立整个工作场景的三维虚拟环境,然后软件可以根据要加工零件的大小、形状、材料,同时配合软件操作者的一些操作,自动生成机器人的运动轨迹(即控制指令),然后在软件中仿真与调整轨迹,最后生成机器人程序传输给机器人。典型的离线编程软件包括建模模块、布局模块、编程模块和仿真模块。工业机器人仿真技术通过计算机运行软件对实际的机器人系统进行仿真模拟。通过仿真软件可以在虚拟环境中设计和训练工业机器人的各种典型应用,包括机器人的抛光、打磨、搬运、喷涂、涂胶、上下料、切割等应用。那么离线编程技术主要用什么软件来实现编程和仿真呢?下面就让我们一起来了解离线编程与仿真技术吧!

项目目标

知识目标
1. 了解离线编程与仿真技术;
2. 了解国内外的离线编程软件;
3. 了解软件的安装方法。

能力目标
1. 能够区分市场中常用的离线编程软件;
2. 能够安装离线编程软件。

素质目标
1. 初步形成自主开发软件、加强民族品牌的意识;
2. 强化民族自信心,培养壮大国产品牌机器人和离线编程软件的意识;
3. 树立团队协作、互帮互助意识。

知识链接

一、离线编程对比现场编程的优势

机器人的编程方式主要有现场编程和离线编程两种。现场编程是指使用示教器写入程序。示教器是人与工业机器人交互的平台,用于执行与操作工业机器人系统有关的许多任务,包括编写程序、运行程序、修改程序、手动操作、配置参数、监控工业机器人状态等。示教器包括使能按钮、触摸屏、触控笔、急停按钮、操作杆和一些功能按钮。操作工业机器人时,通常是左手手持示教器,右手进行操作。图1-1是几种不同品牌机器人现场编程使用的示教器。

认识离线编程软件和机器人编程的发展

图1-1 现场编程使用的示教器

现场编程在实际应用中存在一些问题,例如示教器在线编程过程烦琐、效率低,精度完全是靠编程者的目测决定,而且对于复杂的路径,现场编程难以取得令人满意的效果。为解决现场编程的弊端,出现了离线编程方式。那么与现场编程相比,离线编程又有什么优势呢?离线编程对比现场编程的优势有很多,主要有以下几个。

① 减少了机器人停机的时间,当对下一个任务进行编程时,机器人仍可在生产线上工作。

② 使编程者远离危险的工作环境,改善了编程环境。

③ 离线编程系统使用范围广,可以对各种机器人进行编程。

④ 能方便地实现优化编程。

⑤ 可对复杂任务进行编程，能够自动识别与搜索 CAD 模型的点、线、面信息生成轨迹。

⑥ 便于修改机器人程序。

二、常见的离线编程软件

国内外离线编程软件

离线编程软件分为通用型离线编程软件和专用型离线编程软件。

1. 通用型离线编程软件

（1）Robotmaster

目前市面上顶级的通用型机器人离线编程仿真软件是由加拿大软件公司 Jabez 科技（已被美国海宝收购）开发研制的，其由上海傲卡自动化科技有限公司作为中国区代理。Robotmaster 在 Mastercam 中无缝集成了机器人编程、仿真和代码生成等功能，大幅提高了对机器人编程的速度。Robotmaster 可以按照产品数据模型生成程序，适用于切割、铣削、焊接、喷涂等工艺领域。Robotmaster 具有独家的优化功能，运动学规划和碰撞检测非常精确，支持外部轴（直线导轨系统、旋转系统），并支持复合外部轴组合系统。Robotmaster 暂时不支持多台机器人同时模拟仿真。

（2）RobotWorks

RobotWorks 全面的数据接口，加上基于 SolidWorks 平台的开发，使其可以轻松地通过 IGES、DXF、DWG、Parasolid、STEP、VDA、SAT 等标准接口进行数据转换。RobotWorks 强大的编程能力，完美的仿真模拟，开放的工艺库定义，使其在同类软件中脱颖而出。RobotWorks 生成轨迹的方式多样、支持多种机器人、支持外部轴。RobotWorks 基于 SolidWorks，SolidWorks 本身不带 CAM 功能，且编程烦琐，机器人运动学规划策略智能化程度低。

（3）RobotCAD

RobotCAD 是 SIEMENS（西门子）公司研发的一款离线编程软件，在车厂占统治地位，是做方案和项目规划的利器。RobotCAD 软件支持离线点焊、多台机器人仿真、非机器人运动机构仿真、精确的节拍仿真。RobotCAD 主要应用于产品生命周期中的概念设计和结构设计两个前期阶段。RobotCAD 相对于其他同类软件离线功能较弱，采用 Unix 移植过来的界面。

（4）RobotArt

RobotArt 是北京华航唯实机器人科技股份有限公司研发的一款国产离线编程软件。RobotArt 具有一站式解决方案，从轨迹规划、轨迹生成、仿真模拟到最后的后置代码，使用简单，初学者比较容易上手。可以从官网下载软件并免费试用。RobotArt 能根据模型的几何拓扑生成轨迹，轨迹的仿真和优化功能比较突出；适于不同行业，工艺包数据比较强大；强调服务，重视企业定制；有资源丰富的在线教育系统。但它在轨迹编程方面不够强大，软件不支持整个生产线仿真。

2. 专用型离线编程软件

目前市面上主流的专用型离线编程软件如下。

① RobotStudio：ABB 原厂的离线软件。

② ROBOGUIDE：FANUC 原厂的离线软件。

③ KUKA Sim Pro：KUKA 原厂的离线软件。

④ RT ToolBox2：三菱原厂软件。

不同专用型离线编程软件的优点和缺点都很类似且明显。因为都是由机器人本体厂家自行或委托开发的，所以厂家能够拿到底层数据接口，开发出更多功能，软件与硬件通信也更流畅自然；软件的集成度很高，也都有相应的工艺包。缺点是只支持本公司的品牌机器人，机器人之间的兼容性很差。

项目实施

任务一　RobotStudio 软件的安装

RobotStudio
软件的安装

任务描述

登录 ABB 官网，学习 ABB 的机器人离线编程软件，了解 ABB 编程软件的优缺点，如图 1-2 所示。

图 1-2　ABB 官网

任务分析

RobotStudio 软件的优点：

① CAD 格式文件导入方便。RobotStudio 可方便地导入各种主流 CAD 格式文件，包括 IGES、STEP、VRML、VDAFS、ACIS 及 CATIA 等。

② 具有 AutoPath 功能。该功能通过使用待加工零件的 CAD 模型，仅在数分钟之内便可自动生成跟踪加工曲线所需要的机器人位置（路径），而这项任务以往通常需要数小时甚至数天完成。

③ 程序编辑器可缩短编程时间。可生成机器人程序，使用户能够在 Windows 环境中离线开发或维护机器人程序，可显著缩短编程时间，改进程序结构。

④ 路径优化。如果程序包含接近奇异点的机器人动作，RobotStudio 可自动检测出来并发出报警，从而防止机器人在实际运行中发生这种情况。仿真监视器是一种用于机器人运动优化的可视化工具，红色线条显示可改进之处，改进后可使机器人按照最有效的方式运行。可以对 TCP 速度、加速度、奇异点或轴线等进行优化，缩短编程周期。

⑤ 自动进行可达性分析。通过 AutoReach 自动进行可达性分析，使用起来十分方便。用户可通过该功能任意移动机器人或工件，直到所有位置均可到达，在数分钟之内便可完成工作单元平面布置验证和优化。

⑥ 虚拟示教台。它是实际示教台的图形显示，其核心技术是 VirtualRobot。从本质上讲，所有可以在实际示教台上进行的工作都可以在虚拟示教台（QuickTeach）上完成，因而其是一种非常出色的教学和培训工具。

⑦ 事件表。它是一种用于验证程序的结构与逻辑的理想工具。程序执行期间，可通过该工具直接观察工作单元的 I/O 状态。可将 I/O 连接到仿真事件，实现工位内机器人及所有设备的仿真。

⑧ 碰撞检测。碰撞检测功能可避免设备碰撞造成的严重损失。选定检测对象后，RobotStudio 可自动监测并显示程序执行时这些对象是否发生碰撞。

⑨ 具有 VBA 功能。可采用 VBA 功能改进和扩充 RobotStudio，根据用户具体需要开发功能强大的外接插件、宏，或由用户定制界面。

⑩ 直接下载。整个机器人程序无需任何转换便可直接下载到实际机器人系统，该功能得益于 ABB 独有的 VirtualRobot 技术。

RobotStudio 软件的缺点：只支持 ABB 的品牌机器人，机器人之间的兼容性很差。

图 1-3 所示为 RobotStudio 软件的项目界面。

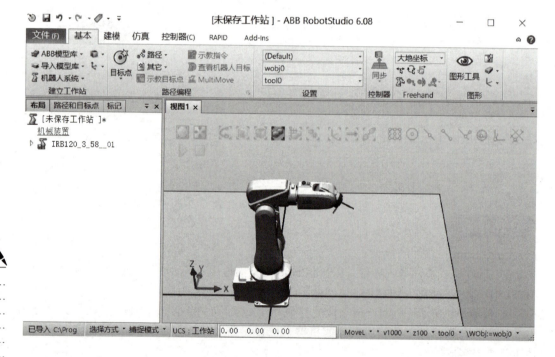

图 1-3 RobotStudio 软件的项目界面

任务实施

1. 实践目的

① 掌握 RobotStudio 软件的下载方法；
② 掌握 RobotStudio 软件的安装方法。

2. 实践设备及仪器

表 1-1 所示为完成任务所需要的设备及工具。

表 1-1　实践设备及工具列表

名称	规格型号	数量	备注
计算机	内存 8GB 以上	1 台	
软件	RobotStudio 6.08	1 个	

3. RobotStudio 软件的主要功能

① 在 RobotStudio 中可以模拟真实的使用环境。

② 导入 CAD 格式文件。RobotStudio 可以很容易地将各种主要的 CAD 格式文件导入，包括 IGEA、STEP、VRML、VDAFS、ACIS、CATIA。通过使用非常精确的 3D 模型数据，机器人程序设计员可以生成更为精准的机器人程序，从而提高产品质量。

③ 自动生成路径。

④ 自动分析伸展能力。

⑤ 碰撞检查。确保机器人离线编程得出的程序的可用性。

⑥ 可在线作业。使调试与维护工作更轻松。

⑦ 应用功能包。将机器人更好地与工艺应用进行有效的融合。

⑧ 二次开发。使机器人应用实现更多的可能，满足对机器人科研的需要。

4. RobotStudio 软件的安装

表 1-2 所示为 RobotStudio 软件的安装步骤。

表 1-2　RobotStudio 软件的安装步骤

序号	操作步骤	操作要点	操作记录
1	ABB RobotStudio® Suite ABB 官网登录	登录官方网址	
2	RobotStudio	单击进入页面，下载 RobotStudio 软件	

续表

序号	操作步骤	操作要点	操作记录
3	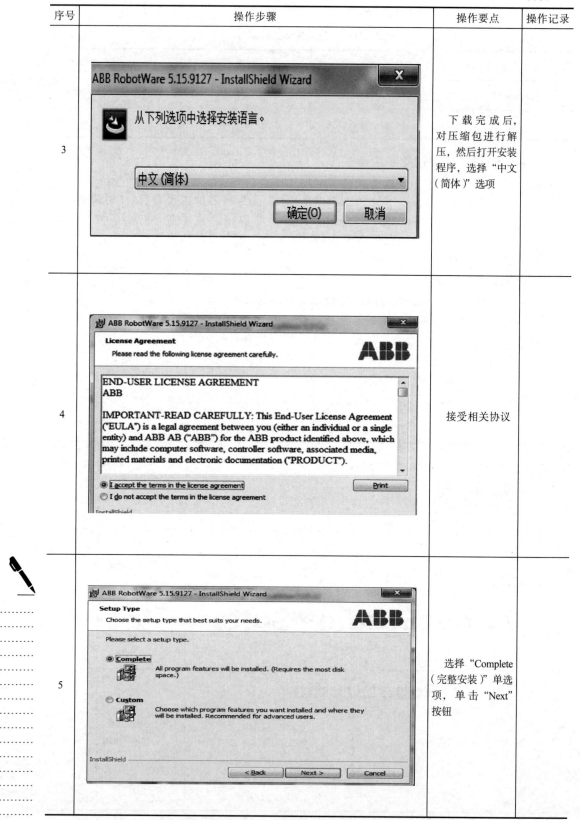	下载完成后，对压缩包进行解压，然后打开安装程序，选择"中文（简体）"选项	
4		接受相关协议	
5		选择"Complete（完整安装）"单选项，单击"Next"按钮	

续表

序号	操作步骤	操作要点	操作记录
6	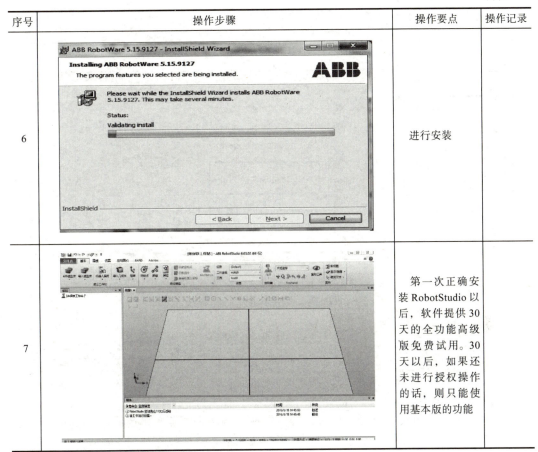	进行安装	
7		第一次正确安装 RobotStudio 以后，软件提供 30 天的全功能高级版免费试用。30 天以后，如果还未进行授权操作的话，则只能使用基本版的功能	

5. RobotStudio 软件的授权

① 选择"文件"功能选项卡，具体操作如图 1-4 所示。
② 选择"选项"选项。

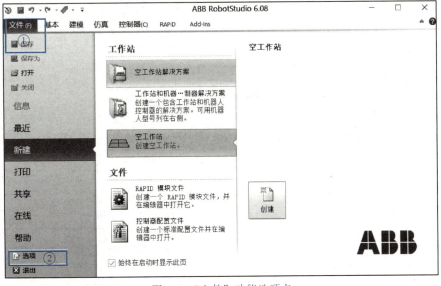

图 1-4 "文件"功能选项卡

③ 单击"授权"选项。
④ 选择"激活向导"选项，具体操作如图 1-5 所示。

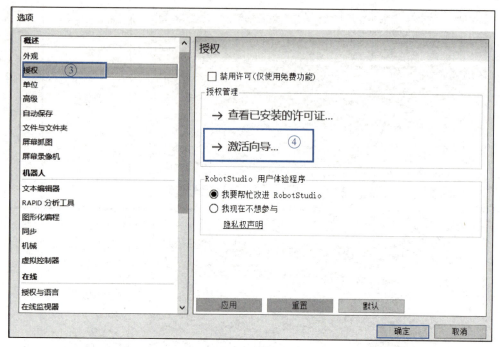

图 1-5　授权激活向导

⑤ 根据授权许可类型选择"单机许可证"或"网络许可证"单选项。
⑥ 单击"下一个"按钮，按照提示就可完成激活，具体操作如图 1-6 所示。

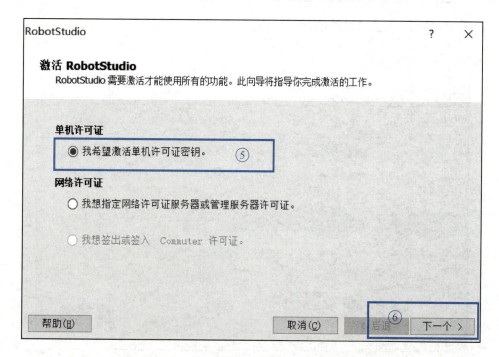

图 1-6　激活许可证密钥

> 任务小结

从官网就可以下载 RobotStudio 最新版本的编程软件，安装方法简单，需要授权才能获得完整功能。同时，该软件也为学习者提供了一个月的免费试用期，可以使用基本功能，完全能满足初学者的学习需求。

任务二　RobotStudio 的界面认识

> 任务描述

认识和掌握 RobotStudio 软件界面的功能选项卡。

> 任务分析

首先创建一个空工作站，单击 RobotStudio 软件界面的功能选项卡，了解功能选项卡的各项功能。

> 任务实施

1. RobotStudio 软件界面

"文件"功能选项卡如图 1-7 所示。

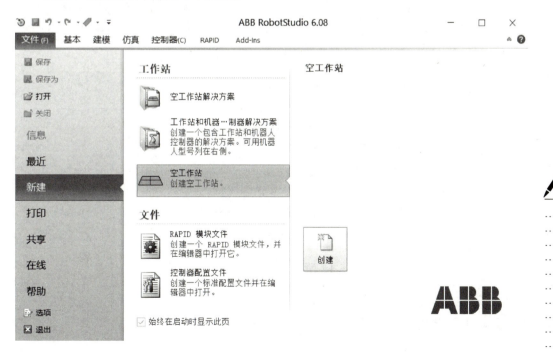

图 1-7　"文件"功能选项卡

"基本"功能选项卡如图 1-8 所示。

图 1-8 "基本"功能选项卡

"建模"功能选项卡如图 1-9 所示。

图 1-9 "建模"功能选项卡

"仿真"功能选项卡如图 1-10 所示。

图 1-10 "仿真"功能选项卡

"控制器"功能选项卡如图 1-11 所示。

图 1-11 "控制器"功能选项卡

"RAPID"功能选项卡如图 1-12 所示。

图 1-12 "RAPID"功能选项卡

"Add-Ins"功能选项卡如图 1-13 所示。

图 1-13 "Add-Ins"功能选项卡

2. 恢复默认 RobotStudio 界面的操作

刚开始学习操作 RobotStudio 时，常常会遇到操作窗口被意外关闭，从而无法找到对应的操作对象查看相关的信息的情况。图 1-14 所示为被意外关闭的操作窗口。

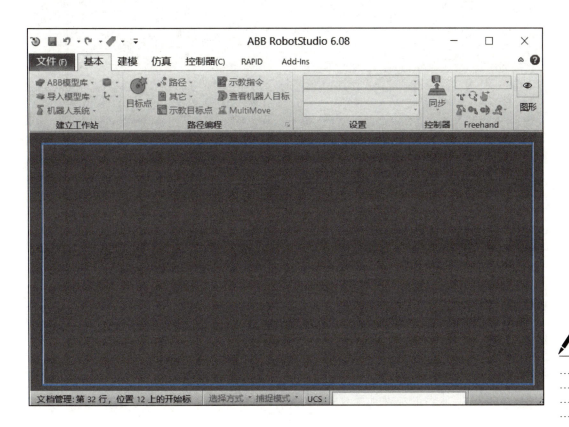

图 1-14 被意外关闭的操作窗口

为恢复默认的 RobotStudio 界面，可进行如下操作。
① 单击下拉按钮。
② 选择"默认布局"选项便可以恢复窗口的原始布局。
③ 也可以选择"窗口"选项，在需要的窗口前勾选。
恢复默认的 RobotStudio 界面的步骤如图 1-15 所示。

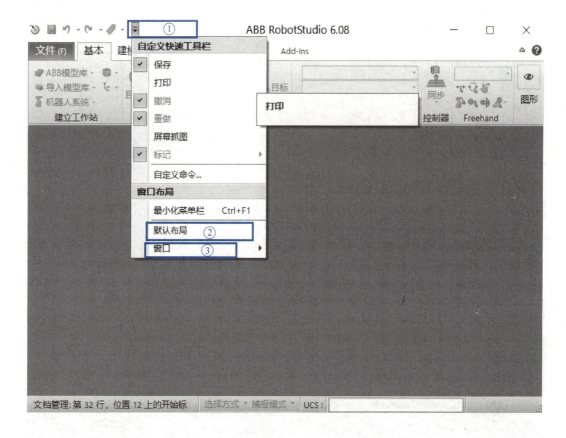

图 1-15　恢复默认的 RobotStudio 界面的步骤

任务小结

通过本任务的学习，我们了解了 RobotStudio 软件界面的各功能选项卡的基本内容和操作方法，在界面窗口被意外关闭而无法查看时，可以选择"默认布局"选项将界面恢复到原始界面。

项目总结

本项目主要讲解了什么是工业机器人离线编程技术、国内外的通用和专用编程软件，以及 RobotStudio 离线编程软件的安装和授权操作，安排了 RobotStudio 软件的安装和授权以及界面使用的操作训练，目的是熟练掌握 RobotStudio 软件的功能和使用的相关知识。

 项目评价

具体评价方法见表 1-3。

表 1-3 项目考核评价表

项目内容	评分标准	配分	评分细则	评分记录
认识工业机器人仿真软件	理解工业机器人仿真软件的作用	25	①理解程度 ②关联拓展能力	
安装 RobotStudio	正确安装 RobotStudio 并能解决安装过程中的问题	25	①能否找到软件资源 ②操作流程是否正确	
RobotStudio 的授权	①理解基本版与高级版的区别 ②能够正确完成授权	25	①理解程度 ②操作流程	
RobotStudio 的界面	①学会操作软件的界面 ②掌握恢复默认布局的操作	25	①理解程度 ②操作流程	

项目扩展

1. 扩展要求

熟悉 1+X "工业机器人应用编程（中级）" 考核设备，了解工业机器人应用工作站的设备和组成，了解 RobotStudio 软件在工作站中的作用。

2. 扩展内容

1+X "工业机器人应用编程（中级）" 考核设备如图 1-16 所示。

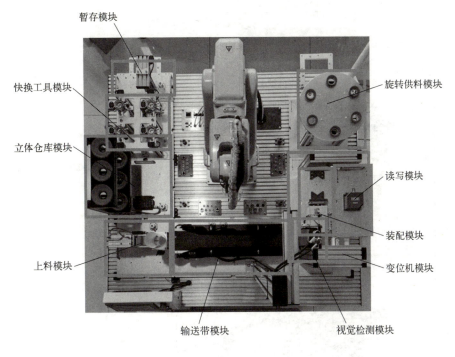

图 1-16　1+X "工业机器人应用编程（中级）" 考核设备

1+X "工业机器人应用编程（中级）" 考核设备的部分组成和功能如表 1-4 所示。

表 1-4　考核设备的部分组成和功能

名称	模块	组成	功能
快换工具模块		快换支架、检测传感器、快换工具	快换工具模块与工业机器人通过 I/O 通信，机器人可识别快换支架上的快换工具

续表

名称	模块	组成	功能
弧口手爪工具			取放关节基座工件
直口手爪工具			取放电动机工件
吸盘工具			取放减速器和输出法兰工件
绘图笔工具			应用于机器人写字

续表

名称	模块	组成	功能
立体仓库模块		立体仓库、以太网I/O通信模块	立体仓库模块与PLC通过Modbus TCP通信,实现立体仓库物料信息的交互,完成工件的出入库
输送带模块		带式输送机、检测传感器	输送带模块由单相交流调速电动机驱动,实现不同工件的传输。工业机器人通过数字量和模拟量分别控制电动机的启停和调速
视觉检测模块		视觉检测系统、称重单元	视觉检测系统与机器人通过TCP/IP通信,可识别工件的形状、颜色、位置和角度 称重单元与机器人通过模拟量通信,可检测工件的重量
变位机模块		伺服电动机、减速器、旋转平台	变位机模块的旋转平台上可安装装配模块和读写模块,实现工件的装配和检测。变位机模块由伺服驱动器控制伺服电动机旋转,伺服驱动器和PLC之间采用Modbus RTU通信

续表

名称	模块	组成	功能
旋转供料模块		步进电动机、检测传感器、旋转料盘	旋转供料模块和PLC之间采用脉冲和方向控制，PLC可以控制旋转供料模块转到指定工位，实现机器人准确抓取工件
读写模块		RFID读写器、RFID电子标签	读写模块与PLC通过Modbus RTU协议通信，实现工件信息的读取和写入
电动机成品		电动机外壳、电动机转子、电动机端盖	关节部件的成品之一

3. 扩展思考

1+X"工业机器人应用编程（中级）"考核设备的考核模块1的考核内容：手动安装绘图模块和绘图笔工具，标定工具和工件坐标系，写绘图程序，完成机器人绘图。这也是项目二将要学习的内容，结合查阅的资料，你觉得离线编程软件在这套考核设备中起到什么作用呢？

思考与练习

一、选择题

1. 以下无需"请求写权限"即可使用的 RobotStudio 软件的在线功能有（　　）。
   A. 在线修改程序　　　　　　　　B. 机器人系统恢复
   C. 在线添加指令　　　　　　　　D. 机器人系统备份

2. 在 ABB RobotStudio 6.xx 系统中创建 DeviceNet 类型的 I/O 从站，在（　　）里面进行设置。
   A. Unit　　　　　　　　　　　　B. DeviceNet Command
   C. DeviceNet Device　　　　　　D. Part

3. RobotStudio 软件中，在 XY 平面上移动工件的位置，可选中 Freehand 中（　　）按钮，再拖动工件。
   A. 移动　　　　B. 拖曳　　　　C. 旋转　　　　D. 手动关节

4. RobotStudio 软件中，创建固体部件，其参考坐标系为（　　）。
   A. 基坐标系　　B. 大地坐标系　　C. 工件坐标系　　D. 工具坐标系

5. RobotStudio 软件中，测量锥体顶角的角度需要选中（　　）个点。
   A. 1　　　　　B. 2　　　　　C. 3　　　　　D. 4

6. 不创建虚拟控制系统，在 RobotStudio 软件中对机器人的以下操作无效（　　）。
   A. 机械手动关节　　B. 机械手动线性　　C. 回到机械原点　　D. 显示工作区域

7. RobotStudio 软件中，创建机器人用的工具"设定本地原点"的参考坐标系为（　　）。
   A. 基坐标系　　B. 大地坐标系　　C. 工件坐标系　　D. 工具坐标系

8. RobotStudio 软件中，离线添加 I/O 信号后，必须进行（　　）才能使信号生效。
   A. 热启动　　　B. I- 启动　　　C. P- 启动　　　D. C- 启动

9. 下列不属于 RobotStudio 离线编程软件的特点的是（　　）。
   A. 支持多种格式的三维 CAD 模型
   B. 支持多种品牌及型号的机器人
   C. 可自动识别 CAD 模型的点、线、面信息生成轨迹
   D. 可制作工作站仿真动画

10. RobotStudio 软件的测量功能不包括（　　）。
    A. 直径　　　　B. 角度　　　　C. 重心　　　　D. 最短距离

二、简答题

1. 离线编程对比现场编程有哪些主要优势？
2. 请简单介绍目前市面上主流的专用型离线编程软件。

项目二
工业机器人绘图写字工作站

项目引入

ABB 工业机器人绘图写字工作站在现场编程中,会出现示教目标点过多造成的耗时过长和示教精度不足的问题,为解决这些问题,基于离线编程软件 RobotStudio 实现工业机器人绘图写字工作站不失为一种高效编程的方法。从绘图写字工作站的建立、绘图笔工具的添加和机器人的程序编辑等方面对机器人离线编程进行学习,利用基于 RobotStudio 的绘图写字工作站仿真和基于 ABB IRB120 型工业机器人的实物实验进行一键联机可以对离线编程方法进行验证。从仿真与实验结果来验证:该编程方法是否有利于提高现场编程示教精度,缩短绘图写字编程时间,是否可提高机器人的编程效率。同时,本项目也是 1+X "工业机器人应用编程(中级)"考核模块 1 的考核内容。

1+X "工业机器人应用编程(中级)"模块 1 考核的具体要求:完成绘图写字工作站的搭建;完成绘图模型的离线编程;完成在仿真软件中验证绘图功能。

项目引入

项目目标

知识目标
1. 掌握利用 RobotStudio 软件自动生成路径的方法;
2. 掌握对目标点的机器人姿态进行调整和对机器人运行的起始点的设置;
3. 掌握将离线程序导入真实的工业机器人控制器中的方法;
4. 了解操作真实工业机器人标定工具坐标和工件坐标的方法;
5. 了解真实机器人的程序运行和调试方法。

能力目标
1. 能够正确使用 RobotStudio 软件自动生成路径;
2. 能够按照工艺要求对目标点的机器人姿态进行调整,并根据需要对路径进行优化;
3. 能够操作真实机器人进行工具和工件坐标的标定;
4. 能够完成将离线程序导入真实的工业机器人控制器中并运行程序调试机器人。
5. 培养离线编程的路径优化和姿态调整的分析与应用能力。

素质目标
1. 形成安全意识、规矩意识,形成"6S"素养;
2. 强化写字模块的角度精准,轨迹最大程度贴合的意识;
3. 培养自主分析问题、解决问题的能力和创新思维。

知识链接

一、绘图写字工作站布局

工业机器人绘图写字工作站是由工业机器人工作桌台、ABB IRB 120 型工业机器人、绘图模块和绘图笔工具组成。首先将 ABB IRB 120 型工业机器人、绘图模块按照要求安装到实训平台,然后将绘图笔工具安装到工业机器人末端,即可完成工业机器人绘图写字工作站的布局。表 2-1 所示为 ABB IRB 120 型工业机器人、工业机器人工作桌台、绘图模块、绘图笔工具在大地坐标系中的位置数据。

表 2-1 工作站对象的位置

序号	对象	位置 XYZ,方向(°)	参考坐标系
1	ABB IRB 120 型工业机器人	[0,0,930,0,0,0]	大地坐标系
2	工业机器人工作桌台	[0,0,930,0,0,0]	大地坐标系
3	绘图模块	[450,0,915,0,0,0]	大地坐标系
4	绘图笔工具	[209,0,1490,180,0,180]	大地坐标系

绘图写字工作站组成如图 2-1 所示。

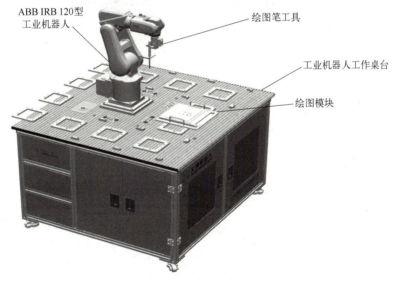

图 2-1 绘图写字工作站组成

二、自动生成路径的方法

在 RobotStudio 软件中,工业机器人沿着某一路径运行,需要首先确定路径的轨迹。选择"基本"功能选项卡→"路径"→"自动路径"选项,会出现图 2-2 所示的"自动路径"窗口,窗口中的各项含义如下。

① 自动路径列表。显示图形生成的连续的边,可以单个删除。

② 反转。可将轨迹运行方向置反,默认为顺时针运行;勾选"反转"复选框即为逆

时针运行。

③ 参照面。生成的目标点 Z 轴方向与选定表面处于垂直状态。

④ 开始偏移量。路径起点相对于选中特征线起点的偏移距离。

⑤ 结束偏移量。路径终点相对于选中特征线终点的偏移距离。

⑥ 线性。每个目标生成线性指令，圆弧做分段线性处理，在圆弧特征处生成圆弧指令。

⑦ 圆弧运动。在线性特征处生成线性指令。

⑧ 常量。生成具有恒定间隔距离的点。近似值参数可根据应用工艺和模型的特点选择。

⑨ 最小距离。设置两生成点之间的最小距离，即小于该最小距离的点将被过滤掉。

⑩ 最大半径。在将圆弧视为直线前确定圆半径的大小，直线视为半径无限大的圆。

⑪ 公差。设置生成点所允许的几何描述的最大偏差。

⑫ 偏离。机器人沿路径运行完成，离开末端轨迹点时，垂直参照面的偏离距离。

⑬ 接近。机器人沿路径接近轨迹开始点时，垂直参照面的接近距离。

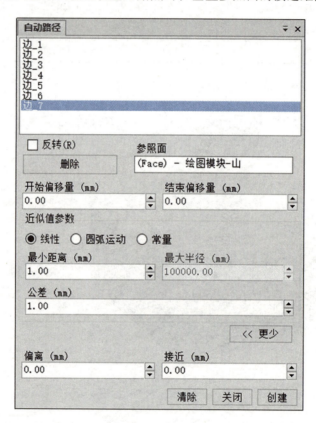

图 2-2 "自动路径"窗口

三、常用的鼠标导航图形

RobotStudio 软件提供了丰富的鼠标导航图形，通过键盘加鼠标的组合使用，可以实现对工作站的多种操作，具体的组合功能和鼠标导航图形的使用方法如表 2-2 所示。

表 2-2 组合功能和鼠标导航图形

功能	图形	键盘 + 鼠标	具体作用
选择项目		鼠标	单击要选择的项目即可。要选择多个项目，按 Ctrl 键的同时单击多个项目
旋转工作站		Ctrl+Shift+ 鼠标	按 Ctrl+Shift+ 鼠标左键的同时，拖动鼠标指针对工作站进行旋转。如果有三键鼠标，可以使用中间键和右键替代键盘组合
平移工作站		Ctrl + 鼠标	按 Ctrl 键和鼠标左键的同时，拖动鼠标指针对工作站进行平移
缩放工作站		Shift + 鼠标	按 Shift 键和鼠标右键的同时，将鼠标指针拖至左侧可以缩小，将鼠标指针拖至右侧可以放大。如果有三键鼠标，可以使用中间键替代键盘组合
使用窗口缩放		Shift + 鼠标	按 Shift 键和鼠标右键的同时，将鼠标指针拖过要放大的区域
使用窗口选择		Shift + 鼠标	按 Shift 键和鼠标左键的同时，将鼠标指针拖过某区域，以便选择与当前已选择层级匹配的所有项目

四、机器人坐标系

坐标系是为确定机器人的位置和姿态而在机器人上或其他空间中设定的位姿指标系统。工业机器人上的坐标系包括六种：大地坐标系（world coordinate system）、基坐标系（base coordinate system）、关节坐标系（joint coordinate system）、工具坐标系（tool coordinate system）、工件坐标系（work object coordinate system）、用户坐标系（user coordinate system）。工业机器人关节坐标系用来描述机器人每一个独立关节的运动，每一个关节具有一个自由度，一般由一台伺服电动机控制，如图 2-3 所示。机器人的关节与 0°刻度标记位置对齐时，为该关节的 0°位置，仔细观察机器人的每个关节，均有 0°刻度标记位置。

关节坐标系的表示方法如下：

P=（J1，J2，J3，J4，J5，J6）

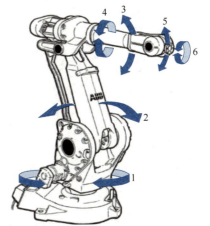

图 2-3 机器人的 6 个关节
1～6—关节

J1、J2、J3、J4、J5、J6 分别表示 6 个关节的角度位置，单位为度（°）。此处需要说明的是，6 个关节的角度并非都是 0°~360°，不同型号的机器人，每个关节的运动范围是一定的，可以参考相关型号机器人的参数。

工业机器人原点位置一般定义在关节坐标系中，原点位置为 P1=（0°，0°，0°，0°，90°，0°），为了让工业机器人重心居中，机器人原点位置也可以定义为 P2=（0°，-20°，20°，0°，90°，0°）。

原点位置 P1 和 P2 如图 2-4 所示。

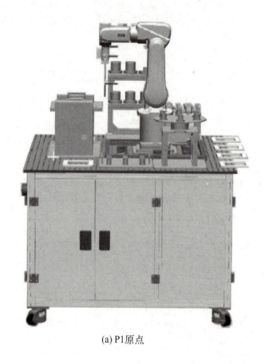 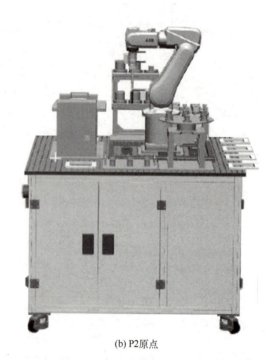

(a) P1原点　　　　　　　　　　　　　　(b) P2原点

图 2-4　原点位置 P1 和 P2

项目二 工业机器人绘图写字工作站

任务一　绘图写字工作站的创建布局

绘图写字
工作站的
创建布局

任务描述

1+X"工业机器人应用编程（中级）"考核模块 1 的考核内容要求完成工作站中机器人、绘图模块的位置设置，绘图笔工具的导入以及在绘图模块上创建工件坐标系，并为机器人工作站安装好系统。绘图模型的离线编程流程如图 2-5 所示。

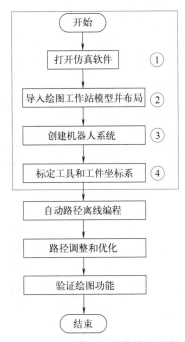

图 2-5　绘图模型的离线编程流程

任务分析

工件坐标系对应工件，它定义工件相对于大地坐标系（或其他坐标系）的位置。对工业机器人进行编程时，就是在工件坐标系中创建目标点和路径。重新定位工作站中的工件时，只需要更改工件坐标系的位置，所有的路径即可随之更新。工业机器人在工件 A 标定的工件坐标系 A 完成作业任务，更换不同位置的工件 B 后，只要重新标定工件坐标系 B，所有作业程序在新坐标系下随之更新。在工作台的平面上定义三个点，就可以建立一个用户框架。如图 2-6 所示，X1 点确定工件坐标系的原点，X1、X2 确定工件坐标系 X 轴正方向；Y1 点确定工件坐标系 Y 轴正方向。用户框架相当于为工件所在的工作台定义一个坐标系，因此工件坐标系有时也称用户坐标系。

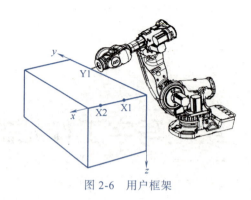

图 2-6 用户框架

按照任务流程,创建绘图写字路径前必须在绘图模块上创建工件坐标系,工件坐标系的创建一般采用三点法。

① 在"基本"功能选项卡的"路径"编程组中,单击"其它"选项,然后单击工作对象,打开"创建工作对象"对话框。

② 在"其它"数据组中,输入新的工件坐标系的值。

③ 在"用户"框架组中,执行下列操作之一:在"值"框中单击,为工作对象输入位置 x、y、z 和旋转度 rx、ry、rz 的值,以设置用户框架的位置;或使用取点创建框架确定用户框架。

④ 在"Object Frame(工件框架)"组内,执行下列操作之一:重新定义工件坐标系相对于用户框架的位置,单击"Values"框,在位置 x、y、z 框输入值,以确定工件坐标系的位置,单击"Values"框,在旋转 rx、ry、rz 框中选择 RPY(EulerZYX)或四元数,然后输入旋转值;使用取点创建框架确定工件坐标系。

⑤ 在"同步"属性组中,为新的工件坐标系输入相应的值。

⑥ 单击创建,新工件坐标系将被创建并显示在路径和目标点浏览器中、机器人节点下和目标点节点下。

图 2-7 所示为绘图模块的 X1、X2、Y1"三点",它们分别是绘图模块的 X 轴上的第一个点、X 轴上的第二个点和 Y 轴上的点。

图 2-7 绘图模块的 X1、X2、Y1

项目二　工业机器人绘图写字工作站

> 任务实施

1. 实施要求

首先创建一个空工作站，接着导入工作桌台和绘图模块，再导入 IRB120 型机器人（安装到机器人底座上），然后导入绘图笔工具（安装到机器人法兰上），最后创建机器人系统（原始工作站只有机器人，没有系统）。工具模型已提供工具坐标系，无需标定，只要采用三点法标定工件坐标系即可。

2. 设备器材

表 2-3 所示为完成任务所需要的设备及工具。

表 2-3　实践设备及工具列表

名称	规格型号	数量	备注
计算机	内存 8GB 以上	1 台	
软件	RobotStudio 6.08	1 个	
几何体模型	绘图笔 PenTool	1 个	
几何体模型	绘图模块_片.stp	1 个	
几何体模型	机器人工作桌台.stp	1 个	

3. 实施内容及操作步骤

表 2-4 所示为完成任务所需要的实施内容及操作步骤。

表 2-4　实施内容及操作步骤

步骤	截图	操作步骤说明
一		建立一个空工作站，导入模型库，将绘图笔模型导入空工作站，再将"绘图模块_片""机器人工作桌台"模型导入，从 ABB 模型库中导入 IRB 120 型机器人

续表

步骤	截图	操作步骤说明
一	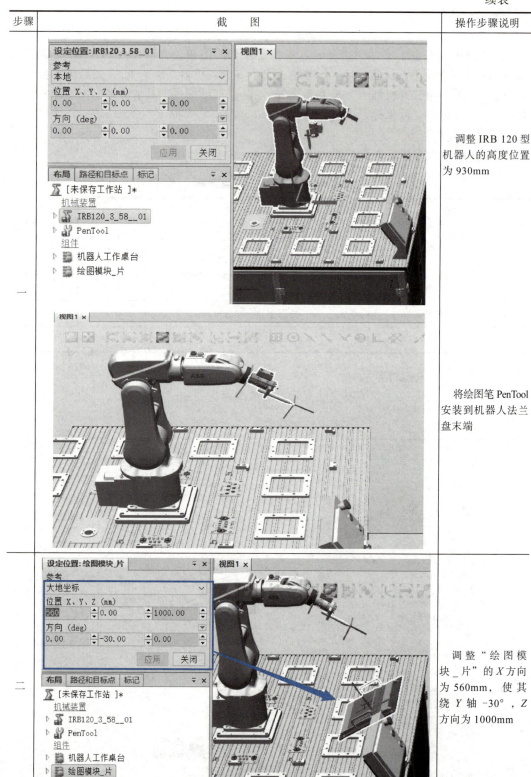	调整 IRB 120 型机器人的高度位置为 930mm 将绘图笔 PenTool 安装到机器人法兰盘末端
二		调整"绘图模块_片"的 X 方向为 560mm,使其绕 Y 轴 $-30°$,Z 方向为 1000mm

项目二 工业机器人绘图写字工作站

续表

步骤	截图	操作步骤说明
三	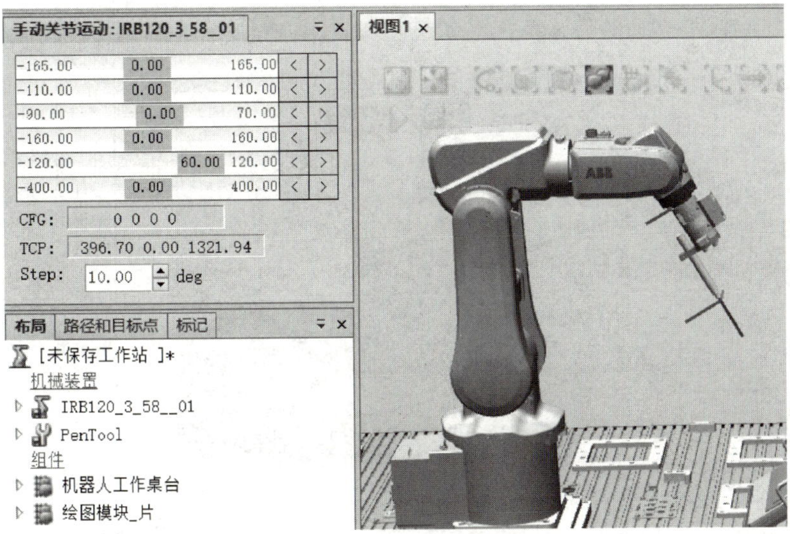	修改机械装置手动关节的 Step 为 10°，将机器人的第五轴修改为 60°，使机器人绘图笔与绘图模块垂直
四	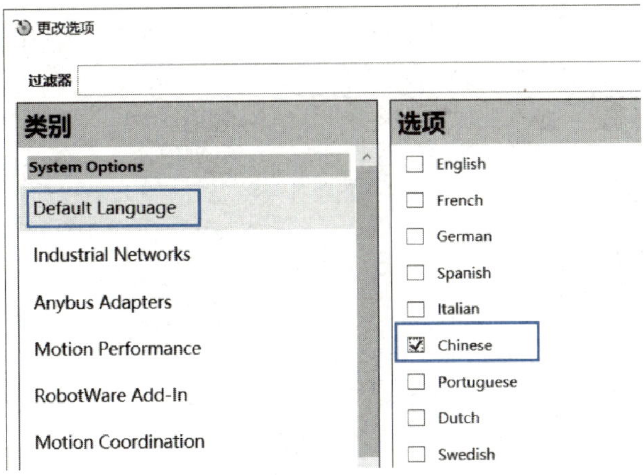 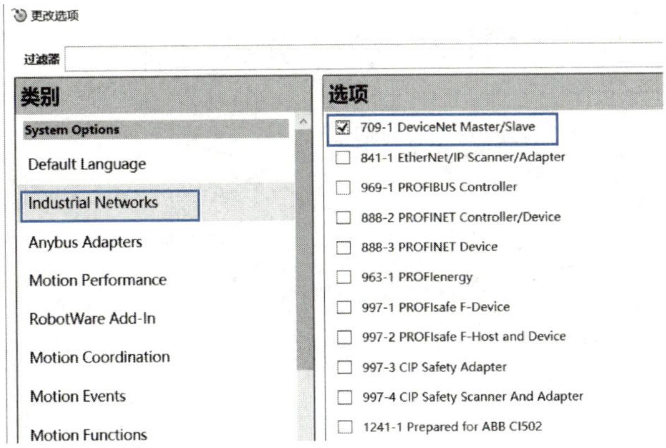	从"基本"功能选项卡进入"机器人系统"，并将默认语言修改为中文，选择工业网络（Industrial Networks）为 709-1，等待创建机器人系统，当右下角控制器变成绿色，则创建完成

031

续表

步骤	截图	操作步骤说明
五	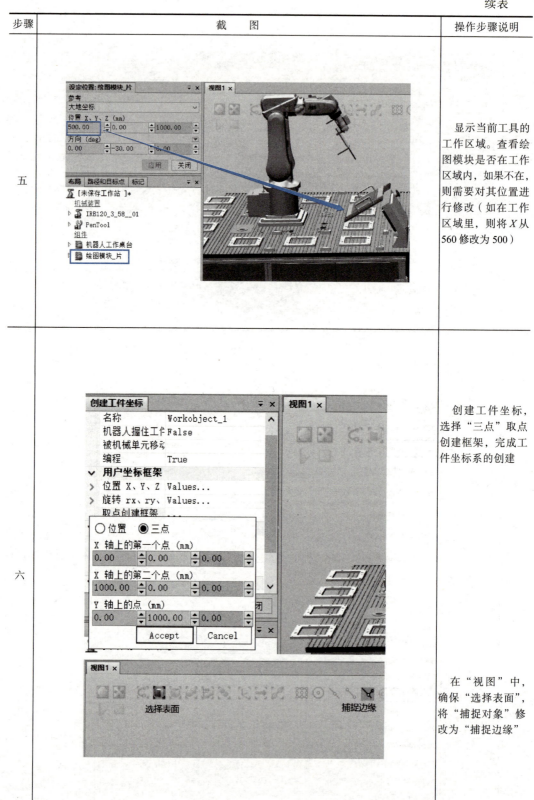	显示当前工具的工作区域。查看绘图模块是否在工作区域内，如果不在，则需要对其位置进行修改（如在工作区域里，则将 X 从 560 修改为 500）
六		创建工件坐标，选择"三点"取点创建框架，完成工件坐标系的创建 在"视图"中，确保"选择表面"，将"捕捉对象"修改为"捕捉边缘"

项目二 工业机器人绘图写字工作站

续表

步骤	截 图	操作步骤说明
七	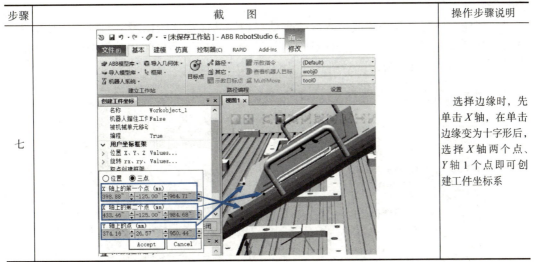	选择边缘时，先单击 X 轴，在单击边缘变为十字形后，选择 X 轴两个点、Y 轴 1 个点即可创建工件坐标系

任务二 绘图写字工作站的路径规划

绘图写字工作站的路径规划

任务描述

完成 1+X "工业机器人应用编程（中级）"考核模块 1 的考核内容绘图模型离线编程流程中的①~④步后，要求第⑤、⑥步使用"自动路径"功能生成绘图模型的离线轨迹。在路径开始和结束处插入原点，调整路径目标点的方向，自动配置轴参数，优化运动指令中的速度和转角半径。绘图模型的离线编程流程如图 2-8 所示。

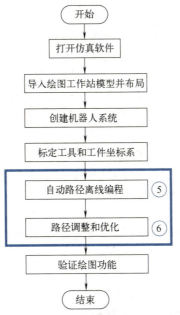

图 2-8 绘图模型的离线编程流程

任务分析

按照任务流程，采用离线编程的"自动路径"功能生成绘图写字的轨迹，在生成轨迹时也自动创建了新的机器人目标点。这些目标点的位置都是保存在第④步中创建的工件数据中。图 2-9 所示为绘图写"片"字的自动轨迹方法。

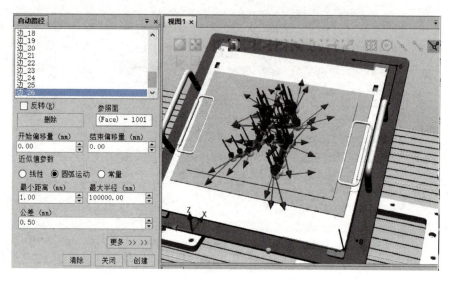

图 2-9　绘图写"片"字的自动轨迹方法

"片"字通过"自动路径"生成轨迹的要点：首先进入"自动路径"界面，然后选择合适的捕捉模式，按住 Shift 键不放，用鼠标左键单击选择字体轮廓上某一条曲线就可以自动选中字体轮廓的所有曲线。在选择参照面时，需要确保选中"选择表面　"" 捕捉对象　"，而在选中字体轮廓前，将"捕捉对象"切换为"捕捉边缘　"。

自动路径生成后，绘图笔工具姿态没有统一，此时可调整目标点的姿态使所有目标点的姿态保持一致。自动生成路径时，机器人轴参数是未知的，需要配置参数，从而确保机器人的可达性。如果自动生成的路径速度及转弯半径不是实际需要的安全速度及转弯半径，则需要更改所有路径速度和转弯半径，以确保机器人安全运行的速度和转弯半径。离线编程时，必须保证绘图笔垂直绘图板。机器人在运行时，从一个点运行到另一个点时，末端工具的姿态变化较大，这不利于机器人平稳运行，也不符合工艺要求，甚至可能出现机器人轴配置无法达到要求导致机器人无法运行的情况。因此，对于自动路径生成的目标点方向，需要根据工艺和实际要求进行调整，以保证机器人根据任务要求平稳运行。在 RobotStudio 软件中有两种方法可以完成目标点姿态调整：一种是对准目标点方向；另一种是复制/应用方向。

1. 对准目标点方向

选定一个目标点，修改为理想方向姿态。然后，以此目标点来修改其他目标点姿态，从而确保每一个目标点的方向都是统一姿态。

2. 复制/应用方向

选定一个目标点，修改为理想方向姿态，复制此目标点。然后，将此目标点姿态应用于其他目标点姿态，从而确保每一个目标点的方向都是统一姿态。如图 2-10 所示，首先对机器人工具目标点 Target_10 复制方向，再如图 2-11 所示对机器人工具目标点 Target_80 应用方向，可以使机器人的姿态得到调整，即可以使目标点 Target_80 的姿态与 Target_10 一致，这样方便机器人进行自动配置。

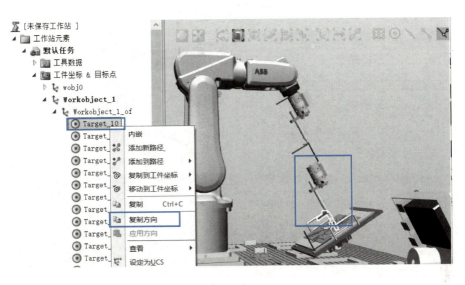

图 2-10　对机器人工具目标点 Target_10 复制方向

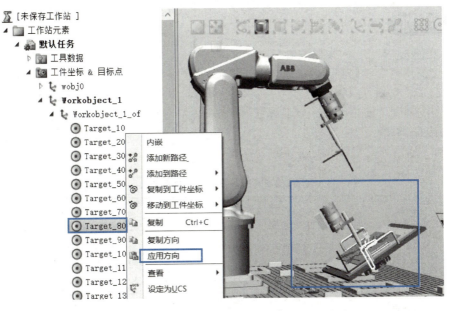

图 2-11　对机器人工具目标点 Target_80 应用方向

按照"1+X"任务书的要求，自动路径生成后，必须在开始和结束处插入原点。
原点数据是 [0，-20，20，0，90，0]。原点数据采用机器人关节点坐标 jointtaget。运动指令使用关节运动指令 Move，J，并将该关节点的名称重命名为"home"。机器人位置从该点出发后最终回到原点。因此需要在轨迹程序的最后一行粘贴该条移动指令。机器人在原点位置的姿态如图 2-12 所示。

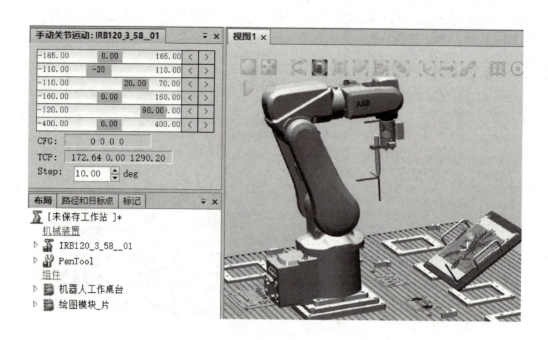

图 2-12　机器人在原点位置的姿态

任务实施

1. 实施要求

首先使用"自动路径"功能生成绘图模型的离线轨迹。然后在路径开始和结束处插入原点,并调整路径目标点的方向,使其一致朝向机器人。最后自动配置轴参数,优化运动指令的速度,转角半径一般都设置为"fine(精确到达)"。

2. 设备器材

表 2-5 所示为完成任务所需要的设备及工具。

表 2-5　实践设备及工具列表

名称	规格型号	数量	备注
计算机	内存 8GB 以上	1 台	
软件	RobotStudio 6.08	1 个	
几何体模型	绘图笔 PenTool	1 个	
几何体模型	绘图模块_片 .stp	1 个	
几何体模型	机器人工作桌台 .stp	1 个	

3. 实施内容及操作步骤

表 2-6 所示为完成任务所需要的实施内容及操作步骤。

项目二　工业机器人绘图写字工作站

表 2-6　实施内容及操作步骤

步骤	截　　图	操作步骤说明
一	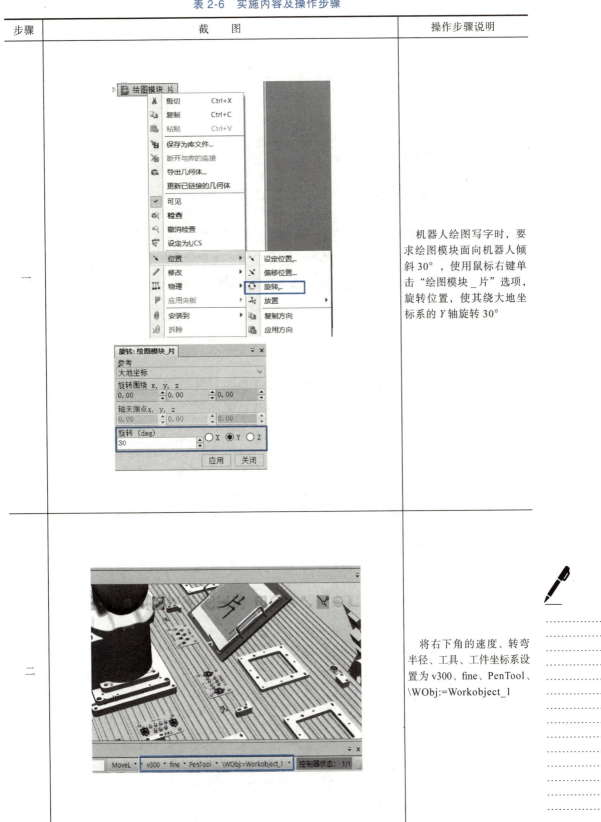	机器人绘图写字时，要求绘图模块面向机器人倾斜30°，使用鼠标右键单击"绘图模块_片"选项，旋转位置，使其绕大地坐标系的 Y 轴旋转 30°
二		将右下角的速度、转弯半径、工具、工件坐标系设置为v300、fine、PenTool、\WObj:=Workobject_1

037

续表

步骤	截图	操作步骤说明
三		在"视图"中选择快捷工具，分别是"选择表面"和"捕捉边缘"
四		在"其它"功能选项卡中选择"自动路径"选项
五		单击参照面，然后点中黄色表面，接着选择"圆弧运动"单选项；"偏离"和"接近"都设为50mm

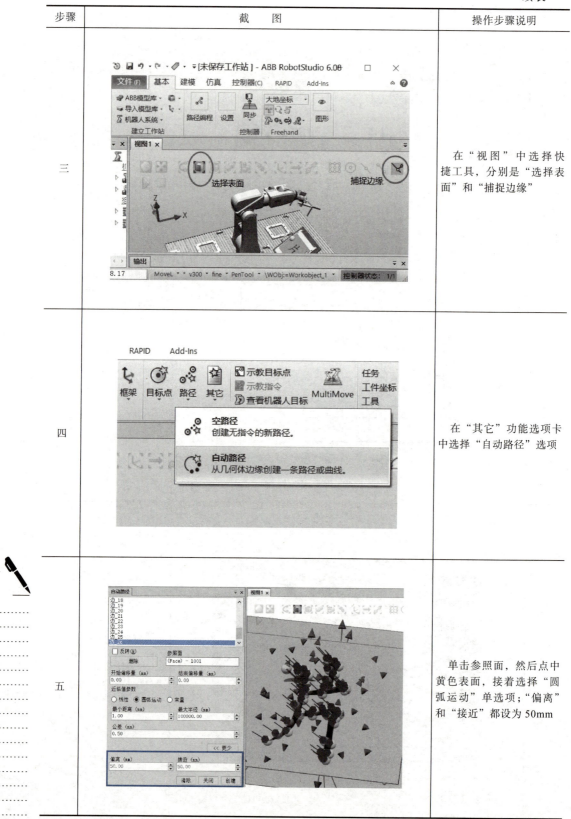

续表

步骤	截　图	操作步骤说明
六		单击"示教指令"按钮，生成一条新指令和一个新的目标点，将其重命名为"home"点
七		在生成的新指令上使用鼠标右键单击，选择"编辑指令"选项，将"MoveL home"改成"MoveJ home"，机器人的动作类型由线性变为关节点运行
八		复制"home"点，然后单击"Target_10"粘贴，不创建新目标点，并将"Target_10"拉到"home"后面

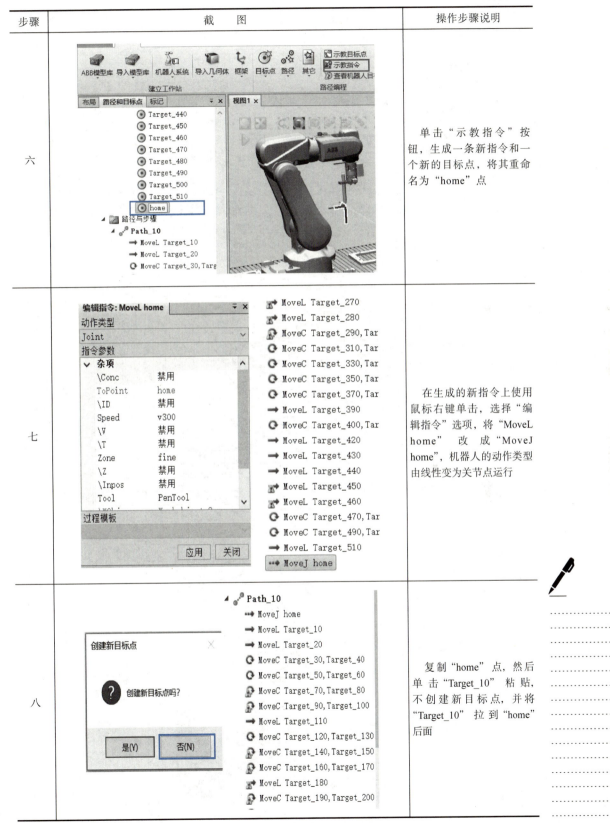

续表

步骤	截图	操作步骤说明
九		在"工件坐标&目标点"→"Workobject_2_of"下面查看每个机器人目标点的"目标处工具",选择合适的复制并应用方向。这样做的目的是能够在后面进行自动配置时不出现警告符号,便于顺利进行配置
十		单击"自动配置"选项,如可以流畅走完,没有出现黄色警告,则说明没有奇异点
十一		单击"沿着路径运动"选项,如可以流畅走完,则说明没有基点

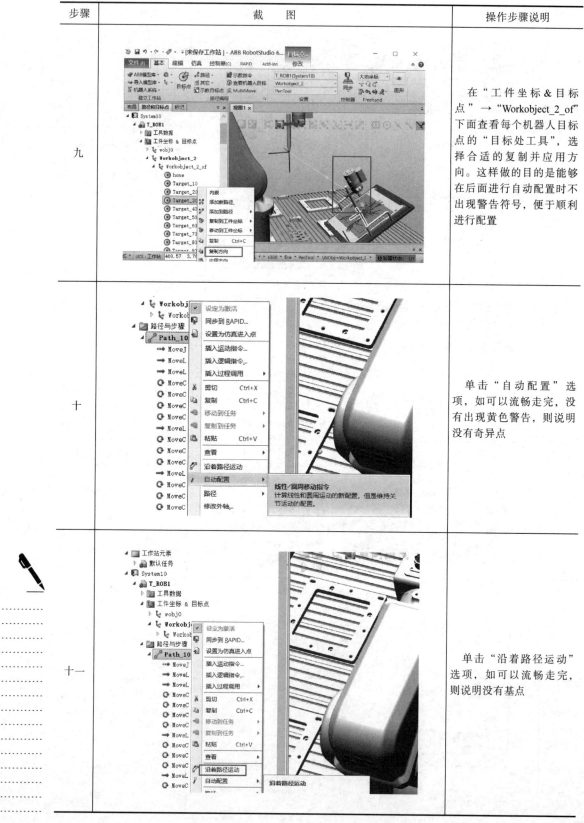

续表

步骤	截图	操作步骤说明
十二	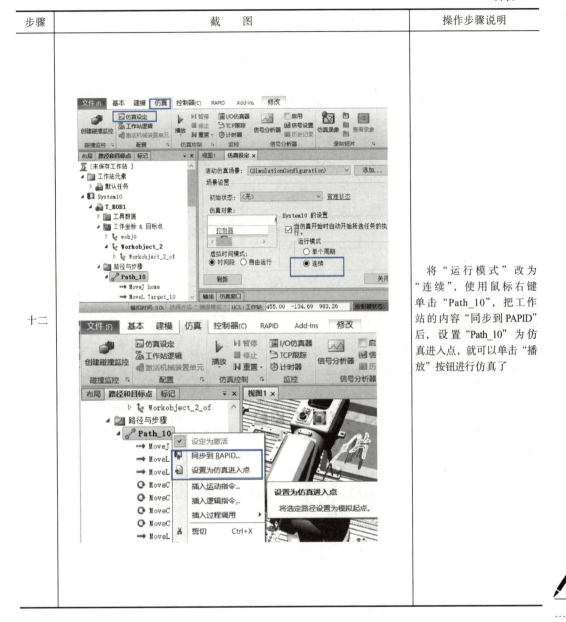	将"运行模式"改为"连续",使用鼠标右键单击"Path_10",把工作站的内容"同步到PAPID"后,设置"Path_10"为仿真进入点,就可以单击"播放"按钮进行仿真了

任务三　绘图写字工作站的仿真验证

任务描述

完成1+X"工业机器人应用编程(中级)"考核模块1的考核内容绘图模型离线编程流程中的①~⑥步后,要求第⑦步机器人在手动模式下运行离线程序进行绘图写字,验证离线程序。绘图模型的离线编程流程如图2-13所示。

绘图写字工作站的仿真验证

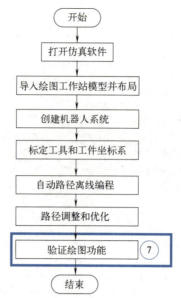

图 2-13　绘图模型的离线编程流程

任务分析

在 RobotStudio 软件中完成了工业机器人绘图写字的仿真运行后，本任务要把离线程序导入真实的工业机器人控制器中，通过操作真实的工业机器人，标定工具坐标系和工件坐标系，运行从软件中导出的绘图写字离线程序，完成工业机器人绘图写字应用的调试。RobotStudio 软件具有在线作业功能，将软件与真实的机器人连接进行通信，可便捷地对机器人进行监控、程序修改、参数设定、文件传送及备份系统等操作，使调试与维护工作更轻松。

使用网线将计算机与机器人控制柜（Server）连接，网线一端插入计算机的网线端口，另一端插入控制柜（Server）的网线端口。设定计算机 IP 地址为"自动获得 IP 地址"即可。在"控制器"→"添加控制器"列表中有"一键连接""添加控制器""从设备列表添加控制器""启动虚拟控制器"四个选项，通常选择"一键连接"选项，即可通过服务端口连接真实的工业机器人控制器。图 2-14 所示为添加控制器使软件与机器人控制器进行连接。

图 2-14　添加控制器使软件与机器人控制器进行连接

将 RobotStudio 软件与工业机器人建立连接。如果要通过软件对工业机器人进行程序的导入、程序的编写和参数的修改等操作，为防止在软件中的误操作对机器人造成损坏，需要从真实的机器人控制器获取"写权限"。将机器人控制柜的手动/自动开关旋至"手动"状态，在软件的"控制器"功能选项卡中选择"请求写权限"选项，在示教器上"同意"写权限。图 2-15 所示为 RobotStudio 软件的"控制器"中的"请求写权限"。

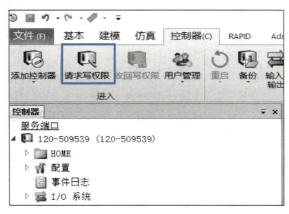

图 2-15　RobotStudio 中的"请求写权限"

工业机器人程序导出或导入方式有两种：一种是通过网线与计算机连接，在 RobotStudio 软件中，将工业机器人程序导出或导入；另一种是通过 U 盘插入示教器 USB 端口，将工业机器人程序导出或导入。

1. 用 RobotStudio 软件导出或导入工业机器人程序

在 RobotStudio 软件中，在控制器的"RAPID"→"T_ROB1"中可见工业机器人的所有模块和程序，使用鼠标右键单击"MainModule"选项，选择"保存模块为"选项，如图 2-16 所示，将工业机器人的程序模块导出并保存在计算机指定的位置。

图 2-16　RobotStudio 软件从机器人导出模块

也可以把机器人的程序模块加载到 RobotStudio 软件中，图 2-17 所示为 RobotStudio

软件从机器人加载模块。方法是使用鼠标右键单击程序任务"T_ROB1",然后选择"加载模块"选项。

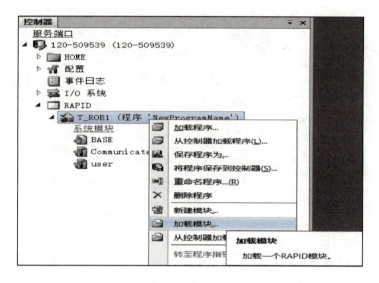

图 2-17　RobotStudio 软件从机器人加载模块

2. 用 U 盘导出或导入机器人程序

将 U 盘插入示教器 USB 端口,在示教器中找到"程序模块"选项,通过"文件"→"另存模块为"选项可将机器人程序模块导出并存储在 U 盘中;选择"文件"→"加载模块"选项则可以将 U 盘中保存的程序模块加载到真实的机器人系统中。图 2-18 所示为从真实的机器人示教器中导出程序的方法。

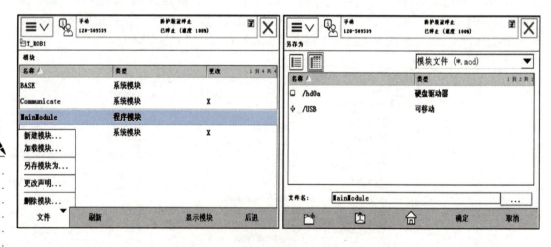

图 2-18　从真实机器人示教器中导出程序的方法

任务实施

1. 实施要求

首先使用"自动路径"功能生成绘图模型的离线轨迹。然后在路径开始和结束处插入原点,并调整路径目标点的方向,使其一致朝向机器人。最后自动配置轴参数,优化运动指令的速度，转角半径一般都设置为"fine（精确到达）"。

2. 设备器材

表 2-7 所示为完成任务所需要的设备及工具。

表 2-7 实践设备及工具列表

名称	规格型号	数量	备注
计算机	内存 8GB 以上	1 台	
软件	RobotStudio 6.08	1 个	
几何体模型	绘图笔 PenTool	1 个	
几何体模型	绘图模块_片 .stp	1 个	
几何体模型	机器人工作桌台 .stp	1 个	
实训台	汇博 1+X 考证实训台	1 套	

3. 实施内容及操作步骤

表 2-8 所示为完成任务所需要的实施内容及操作步骤。

表 2-8 实施内容及操作步骤

步骤	截图	操作步骤说明
一	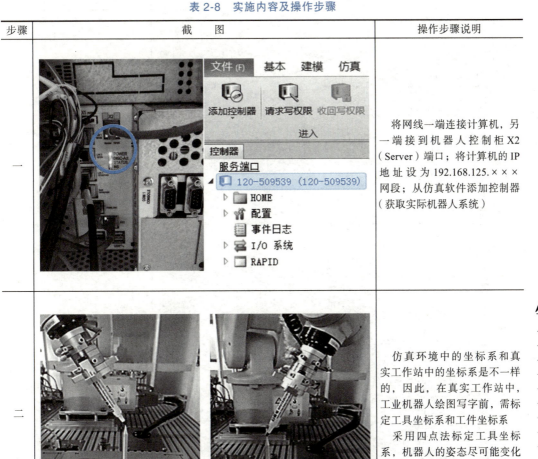	将网线一端连接计算机，另一端接到机器人控制柜 X2（Server）端口；将计算机的 IP 地址设为 192.168.125.×××网段；从仿真软件添加控制器（获取实际机器人系统）
二		仿真环境中的坐标系和真实工作站中的坐标系是不一样的，因此，在真实工作站中，工业机器人绘图写字前，需标定工具坐标系和工件坐标系 采用四点法标定工具坐标系，机器人的姿态尽可能变化幅度大些

续表

步骤	截图	操作步骤说明
二		
三	<table><tr><th>序号</th><th>对应角度/(°)</th><th>每增加一格较水平面变化量/(°)</th></tr><tr><td>1</td><td>16.66</td><td>16.66</td></tr><tr><td>2</td><td>23.96</td><td>7.30</td></tr><tr><td>3</td><td>29.47</td><td>5.51</td></tr><tr><td>4</td><td>33.94</td><td>4.47</td></tr><tr><td>5</td><td>37.59</td><td>3.65</td></tr><tr><td>6</td><td>40.48</td><td>2.89</td></tr><tr><td>7</td><td>42.52</td><td>2.04</td></tr></table> 从右往左依次为1~7	在实训台上对工件坐标系标定前,要进行模块准备:将支杆放到第三个孔即为约30°
四		手动将绘图用的A4纸安装到绘图模块上。采用三点法标定工件坐标系时,必须使用已标定的工具坐标系

续表

步骤	截图	操作步骤说明
五		给示教器上电,按住使能键不放,运行机器人完成绘图写字程序的验证

项目总结

本项目分为三部分：第一部分讲述了绘图写字工作站的创建和布局，包括导入工作桌台和绘图模块、导入 IRB120 型机器人，导入绘图笔工具并将其安装到机器人法兰上的方法。介绍了创建机器人系统后绘图模块的位置调整，以及采用三点法标定工件坐标系的方法。还介绍了绘图笔工具与绘图模块垂直相对位置的调整方法。第二部分介绍了机器人自动路径的生成，通过复制方向和应用方向调整绘图笔工具的姿态、给路径中的指令自动配置参数，并插入关节原点指令，然后在离线编程软件中仿真轨迹。第三部分对接 1+X "工业机器人应用编程（中级）" 考核实训台的真实机器人，通过网线接口导入机器人系统，并将离线程序导入机器人中，在真实的机器人示教器中完成绘图笔工具、工件坐标系的创建，运行程序以验证。

项目评价

具体评价方法见表 2-9。

表 2-9　项目考核评价表

项目内容	评分标准	配分	扣分	得分
设备准备	根据工作站模块布局,手动设定绘图模块面向工业机器人一侧的状态(第 3 个支架,倾角约为 29.2°);手动将一张 A4 纸放置到绘图模块上;手动取下绘图(雕刻)笔工具笔帽,并将绘图(雕刻)笔工具安装到工业机器人末端	15		
参数设定	创建并标定绘图(雕刻)笔工具坐标系,创建并标定绘图模块斜面工件坐标系(工件坐标系原点位置可以自定义)	15		
离线编程与仿真	打开仿真软件,新建空工作站。先导入工作桌台和绘图模块,再导入 IRB120 型机器人(安装到机器人底座上),最后导入绘图笔工具(安装到机器人法兰上)。创建机器人系统连接计算机和机器人控制器,完成机器人系统导入。采用三点法标定工件坐标系。使用"自动路径"功能生成绘图模型的离线轨迹。路径开始和结束处插入原点,调整路径目标点的方向,自动配置轴参数,优化运动指令的速度和转角半径。机器人沿路径运动,验证绘图写字功能	25		
导入并修改离线程序	将仿真软件中的离线程序正确导入示教器,适当修改导入后的离线程序,包含修改新建的绘图(雕刻)笔工具坐标系和绘图模块工件坐标系,修改取放工具控制信号等必要的程序	25		
绘图写字实物验证	操作工业机器人示教器,运行工业机器人程序,验证离线程序绘图写字功能。工业机器人需从工作原点开始运行,然后进行绘图写字作业,绘图写字完成后,工业机器人将绘图(雕刻)笔工具自动放回快换工具模块,最后工业机器人返回工作原点	20		
备注	各项目的最高扣分不应超过配分数			
开始时间	结束时间		实际时间	

项目扩展

1. 扩展要求

在 1+X "工业机器人应用编程(中级)"考核设备上完成机器人雕刻的编程与仿真,进一步掌握雕刻工具与工件(雕刻模块)之间的关系。

2. 扩展内容

打开工业机器人配套仿真软件,导入工业机器人考核平台、工业机器人、雕刻笔工具和雕刻模块,搭建工业机器人雕刻工作站,如图 2-19 所示。将雕刻笔工具安装到工业机器人模型上,创建并标定雕刻笔工具坐标系,创建并标定雕刻模块工件坐标系。通过仿真软件进行如图 2-20 所示雕刻模型的离线编程(雕刻笔必须垂直雕刻板进行雕刻,调用新建的雕刻笔工具坐标系和雕刻模块工件坐标系),并在仿真软件中验证功能。工业机器人需从工作原点开始运行,雕刻完成后返回工作原点。

图 2-19 工业机器人雕刻工作站

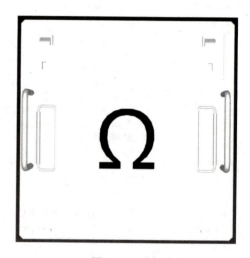

图 2-20 雕刻模型

3. 扩展思考

工业机器人雕刻工作站的考核内容是 1+X "工业机器人应用编程(中级)"考核模块 1 的内容,在学习了本项目的基础上,同学们是不是很容易就能完成扩展任务呢?请结合训练情况,谈谈你的感受。

思考与练习

一、填空题

1. _____是为确定机器人的位置和姿态而在机器人或其他空间上设定的位姿指标系统。
2. 工业机器人上的坐标系包括六种_____、_____、_____、_____、_____、_____。
3. _____坐标系用来描述机器人每一个独立关节的运动,每一个关节具有一个自由度,一般由一台伺服电机控制。
4. 自动路径生成后,工具姿态没有统一,调整目标点的姿态使所有目标点的姿态保持一致。自动生成路径时,其机器人轴参数是未知的,需_____,从而确保机器人的可达性。
5. 在 RobotStudio 软件中,有两种方法可以完成目标点姿态调整,一种是_____,另一种是_____。

二、选择题

1. 以机器人 TCP 点的位置和姿态记录机器人位置的数据是(　　)。
   A. jointtarget　　　　　　　　B. inposdata
   C. robtarget　　　　　　　　　D. loaddata
2. 以机器人各个关节值来记录机器人位置的数据是(　　)。
   A. jointtarget　　　　　　　　B. inposdata
   C. robtarget　　　　　　　　　D. loaddata
3. 机器人目标点 robtarget 的数据不包括(　　)。
   A. TCP 位置数据　　　　　　　B. TCP 姿态数据
   C. 轴配置数据　　　　　　　　D. TCP 运行速度
4. 所谓无姿态插补,即保持第一个示教点时的姿态,在大多数情况下是机器人沿(　　)运动时出现。
   A. 平面圆弧　　B. 直线　　C. 平面曲线　　D. 空间曲线
5. WaitTime 指令的单位为(　　)。
   A. us　　　　　B. ms　　　C. s　　　　　D. min
6. RobotStudio 软件中,未创建机器人系统的情况下可以使用的功能是(　　)。
   A. 打开虚拟示教器　　B. 手动线性　　C. 手动重定位　　D. 导入几何体
7. MoveAbsJ 指令的参数"\NoEoffs"表示(　　)。
   A. 外轴的角度数据　　　　　　B. 外轴不带偏移数据
   C. 外轴带偏移数据　　　　　　D. 外轴的位置数据
8. 位姿是由(　　)两部分构成。
   A. 位置和速度　　　　　　　　B. 位置和运行状态
   C. 位置和姿态　　　　　　　　D. 速度和姿态
9. 当机器人关节轴 5 为(　　),同关节轴 4 和 6 一样时,机器人处于奇异点。
   A. 30°　　　　B. 90°　　　C. 0°　　　　D. 60°
10. 以下的 RAPID 程序段中哪个是正确的?(　　)
    A. MoveJ P1,v1000,fine,tool0;　　　B. MoveJ,P1,v1000,fine,tool0;
    C. MoveJ P1,fine,v1000,tool0;　　　D. MoveJ,P1,fine,v1000,tool0;
11. 工作范围是指机器人(　　)或手腕中心所能到达的点的集合。

A. 机械手　　　　　B. 手臂末端　　C. 手臂　　　　D. 行走部分

12. 在机器人操作中，决定姿态的是（　　）。

A. 末端工具　　　　B. 基座　　　　C. 手臂　　　　D. 手腕

13. 六自由度关节式工业机器人因其高速、高重复定位精度等特点，在焊接、搬运、码垛等领域实现了广泛的应用。在设计机器人上下料工作站时，除负载、臂展等指标外，应着重关注的指标是（　　）。

A. 重复定位精度　　　　　　　　B. 绝对定位精度

C. 轨迹精度和重复性　　　　　　D. 关节最大速度

项目三
汽车门激光切割工作站

项目引入

项目引入

某企业采用 IRB 4600 串联型六轴机器人实现汽车门零件的激光切割（加工轨迹按照②④③①的顺序或自由排列），工序如图 3-1 所示。请分析机器人的运行轨迹和操作流程，并进行轨迹编辑与调试，通过离线仿真编程完成机器人的功能演示。利用 RobotStudio 的自动路径功能，自动生成机器人激光切割的运行轨迹（图 3-1 中工件的边缘轨迹）。

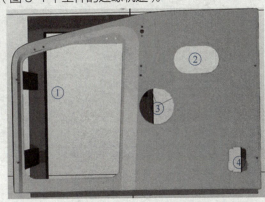

图 3-1 汽车门零件

项目目标

知识目标
1. 学会工业机器人工作站的布局及系统创建方法；
2. 学会工业机器人坐标系的创建方法；
3. 学会工业机器人轨迹曲线及轨迹曲线路径的创建方法；
4. 学会 I/O 信号的创建方法；
5. 学会例行程序的创建方法。

能力目标
1. 能够调整示教机器人的目标点；
2. 能够正确使用机器人离线编程辅助工具；
3. 能够使用离线轨迹编程的关键点调试程序；
4. 培养离线编程的路径优化和姿态调整的分析与应用能力。

素质目标
1. 形成安全意识、规矩意识，形成"6S"素养；
2. 强化汽车门切割轨迹的安全点作业意识；
3. 培养自主分析问题、解决问题的能力和创新思维。

知识链接

在正式进行编程之前，需要构建起必要的编程环境。有三个必需的程序数据——工具数据（tooldata）、工件坐标系（wobjdata）、有效载荷（loaddata），需要在编程前进行定义。

一、工具数据 tooldata

工具数据用于描述安装在机器人第六轴上的工具的 TCP、质量、重心等参数数据。tooldata 会影响机器人的控制算法（例如计算加速度）、速度和加速度监控、力矩监控、碰撞监控、能量监控等，因此机器人的工具数据需要正确设置。一般来说，不同的机器人在应用时会配备不同的工具。例如：弧焊机器人会使用弧焊枪作为工具，如图 3-2 所示；用于搬运板的机器人会使用吸盘式的夹具作为工具。

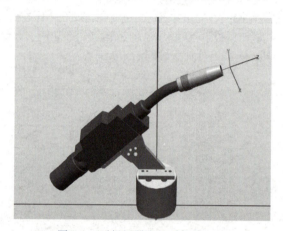

图 3-2　弧焊机器人的弧焊枪工具

所有机器人在手腕处都有一个预定义的工具坐标系，该坐标系被称为 tool0。这样就能将一个或多个新工具坐标系定义为 tool0 的偏移值。TCP（tool center point）就是工具的中心点。默认工具（tool0）的中心点位于机器人安装法兰的中心，如图 3-3 所示。执行程序时，机器人将 TCP 移至编程位置，这意味着如果要更改工具及工具坐标系，机器人的移动将随之更改，以便新的 TCP 到达目标。新的 TCP 系统自动命名为 tool1。

图 3-3　默认的工具中心点

TCP（tool1）的设定方法包括 N（$N \geqslant 3$）点法，TCP 和 Z 法，TCP 和 Z、X 法。

① N（$N \geqslant 3$）点法。机器人的 TCP 通过 N 种不同的姿态与参考点接触，得出多组解，通过计算得出当前 TCP 与机器人安装法兰中心点（tool0）的相应位置，其坐标系方向与 tool0 一致。

② TCP 和 Z 法。在 N 点法的基础上，Z 点与参考点连线为坐标系 Z 轴的方向。

③ TCP 和 Z、X 法。在 N 点法的基础上，X 点与参考点的连线为坐标系 X 轴的方向，Z 点与参考点的连线为坐标系 Z 轴的方向。

设定工具数据通常采用 TCP 和 Z 法（$N=4$），如图 3-4 所示。TCP 的设定原理如下：

① 在机器人工作范围内找一个非常精确的固定点作为参考点。

② 在工件上确定一个参考点（最好是工具的中心点）。

③ 手动操纵机器人去移动工具上的参考点，以四种以上不同的机器人姿态尽可能与固定点刚好碰上。为了获得更准确的 TCP，在以下的例子中使用五点法进行操作，第四点是用工具的参考点垂直于固定点，第五点是工具的参考点从固定点向将要设定为 TCP 的 Z 方向移动。

④ 机器人通过这四个位置点的位置数据计算求得 TCP 的数据，然后 TCP 的数据就保存在 tooldata 这个程序数据中被程序调用。前三个点的姿态相差尽量大些，这样有利于提高 TCP 的精度。

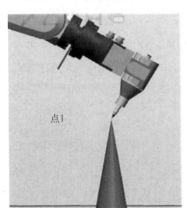

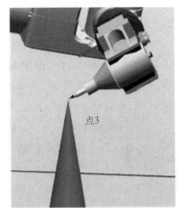
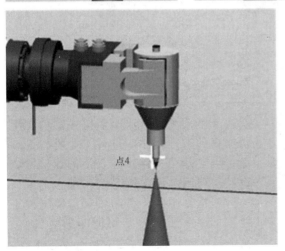
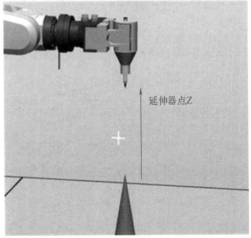

图 3-4

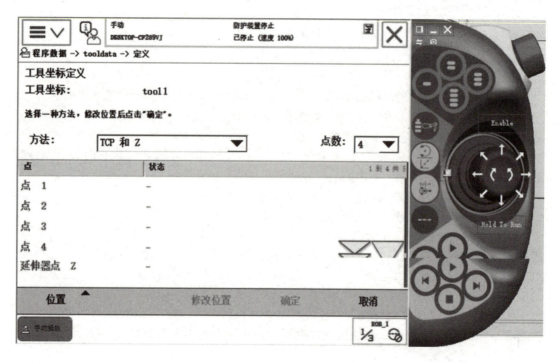

图 3-4　TCP 和 Z 法创建工具中心点

创建完 TCP 后，在 tool1 的更改值菜单中，单击箭头向下翻页，根据实际情况设定工具的质量 mass=1（单位 kg）和重心位置数据 cog=（0，0，50）（基于 tool0 的偏移值，单位为 mm），然后单击"确定"按钮。选中 tool1，单击"确定"按钮，完成 tool1 数据的更改。

TCP 的验证方法：动作模式设定为"重定位"，坐标系设定为"工具"，工具坐标设定为"tool1"。使用摇杆将工具参考点靠上固定点，然后在重定位模式下手动操作机器人，如果 TCP 设定精确，可看到工具参考点与固定点始终保持接触，而机器人会根据重定位操作改变姿态。

二、工件坐标系 wobjdata

1. 工件坐标系的概念

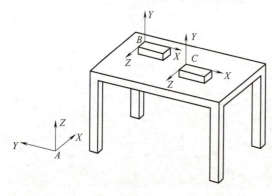

图 3-5　工件坐标相对大地坐标的位置

工件坐标系是工件相对于大地坐标系或其他坐标系的位置，如图 3-5 所示。工业机器人可以拥有若干工件坐标系，或表示不同工件，或表示同一工件在不同位置的若干副本。进行工业机器人编程时，就是在工件坐标系中创建目标和路径。利用工件坐标系进行编程，重新定位工作站中的工件时，只需要更改工件坐标系，所有路径将即刻随之更新；允许操作以外轴或传送导轨移动的工件，因为整个工件可连同其路径一起移动。

工件坐标系如图3-6所示，A工件的坐标系是大地坐标，为了方便编程，给第一个工件建立了一个工件坐标系B，并在这个工件坐标系B中进行轨迹编程。如果在工作台上还有一个相同的工件需要相同轨迹，只需建立工件坐标系C，将工件坐标系B中的程序复制一份，然后将工件坐标系从B更新为C，无需重复轨迹编程。如果在工件坐标系B中对A对象进行了轨迹编程，当工件坐标系的位置变化成工件坐标系D后，只需在机器人系统中重新定义工件坐标系D，则工业机器人的轨迹就自动更新到C了，不需要再次进行轨迹编程。

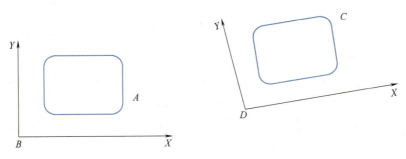

图 3-6　工件坐标系

2. 工件坐标系的创建方法

在对象的平面上，只需要定义三个点（图3-7），就可以建立一个工件坐标系。X1点确定工件坐标系的原点；X1、X2点确定工件坐标系X正方向，Y1点确定工件坐标系Y正方向。建立的工件坐标系符合图3-7（a）所示右手定则。在对象的平面上，只需要定义三个点，就可以建立一个工件坐标系，如图3-7（b）所示。

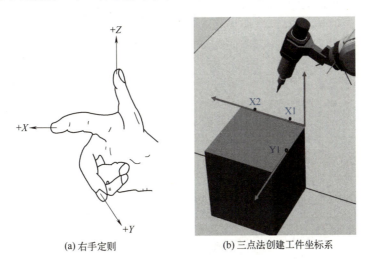

(a) 右手定则　　　　(b) 三点法创建工件坐标系

图 3-7　三点法

三、有效载荷 loaddata

对于进行搬运工作的工业机器人，必须正确设定夹具的质量、重心以及搬运对象的质量和重心数据（loaddata），loaddata是基于工业机器人法兰盘中心tool0来设定的。有效载荷参数见表 3-1。

表 3-1 有效载荷参数

名称	参数	单位
有效载荷质量	load.mass	kg
有效载荷重心	load.cog.x load.cog.y load.cog.z	mm
力矩轴方向	load.aom.q1 load.aom.q2 load.aom.q3 load.aom.q4	
有效载荷的转动惯量	ix iy iz	$kg \cdot m^2$

在工业机器人运行程序时，可以根据搬运的具体过程对有效载荷进行实时调整。如下面这段程序，在 RAPID 编程时，需要根据被抓取或被搬运的对象的质量的实际情况对有效载荷进行实时调整。

```
Set doGripper;          吸盘夹具夹紧
GripLoad load1;         指定当前搬运对象的质量和重心 load1
……
Reset doGripper;        吸盘夹具松开
GripLoad load0;         将搬运对象清除为 load0
```

 项目实施

任务一 激光切割工作站路径生成

激光切割工作站路径的生成和配置

任务描述

完成汽车门激光切割工作站的布局、工作站系统的创建、工件坐标系的创建,并利用 RobotStudio 的自动路径功能自动生成机器人激光切割的轨迹(图 3-8 中蓝色部分表示工件的 4 条单独轨迹)。每个轨迹都要求设置合理的偏离点和接近点,以避免工具与工件发生碰撞而造成事故。

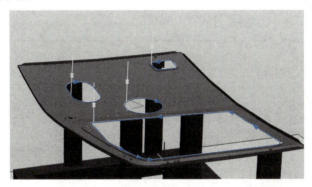

图 3-8 绘图模型的离线编程流程

任务分析

按照任务流程,在创建加工路径的轨迹前,必须在汽车门工件上创建工件坐标系。工件坐标系的创建可以用汽车门上的定位销完成,一般是以工件的固定装置的特征点为基准。在实际应用中,固定装置上面一般设有定位销,用于保证工件与固定装置之间的相对位置精度,建议以定位销为基准来创建工件坐标系。基本的工业机器人工作站包含工业机器人及工作对象。第一步是导入机器人,以便创建一个机器人工作站;第二步是加载机器人的工具;第三步是摆放周边模型。这样就完成了工作站的布局。接着是机器人系统的创建,具体为先创建机器人系统,然后手动操作机器人创建程序数据,接着进行同步。最后就可以使用"自动路径"功能来创建 4 条独立的机器人加工轨迹了。

与真实的工业机器人一样,在 RobotStudio 中,工业机器人的运动轨迹也是通过 RAPID 程序指令进行控制的。在 RobotStudio 中生成的轨迹也可以下载到真实的机器人中运行。在应用工业机器人轨迹的过程中,如切割、涂胶、焊接等,经常需要处理一些不规则曲线,通常采用描点法,即根据工艺精度要求去示教相应数量的目标点,从而生成机器人的轨迹。这种方法费时又费力,还不容易保证精度。图形化编程将 3D 模型的曲线特征自动转换成机器人的运行轨迹,此方法省时又省力,而且容易保证轨迹精度。RobotStudio 的"自动路径"对话框中的"近似值参数"用于根据不同的曲线特征选择不

同的近似值参数类型。通常情况下选中"圆弧运动"单选项,启动圆弧运动,在处理曲线时,线性部分执行线性运动,圆弧部分执行圆弧运动,不规则曲线部分执行分段式的线性运动;而"线性"和"常量"都是固定的模式,即全部按照选定的模式对曲线进行处理,使用不当则会产生大量的多余点位或出现路径不满足工艺要求的情况。近似值参数含义如表 3-2 所示。

表 3-2 近似值参数的含义

近似值参数的类型	含义	属性值	含义
线性	每个目标点生成线性指令,圆弧作为分段线性处理	最小距离	设置两生成点之间的最小距离,即小于该最小距离的点将被过滤掉
圆弧运动	在曲线的圆弧特征处生成圆弧指令,在线性特征处生成线性指令	最大半径	在将圆弧视为直线前,先确定圆弧半径的大小;直线则视为半径无限大的圆
常量	生成具有恒定间隔距离的点	公差	设置生成点所允许的几何描述的最大偏差

任务实施

1. 实施要求

首先创建一个空工作站,接着导入安全围栏、工件、工装定位、控制柜、激光等模型,再导入 IRB 4600 型机器人,然后导入工具,安装到机器人法兰上,最后创建机器人系统(原始工作站只有机器人,没有系统)。工具模型已提供工具坐标系,无需标定,采用三点法标定工件坐标系。

2 设备器材

表 3-3 所示为完成任务所需要的部分设备及工具。

表 3-3 实践设备及工具列表

名称	规格型号	数量	备注
计算机	内存 8GB 以上	1 台	
软件	RobotStudio 6.08	1 个	
rslib 模型	工件	1 个	
rslib 模型	激光	1 个	
rslib 模型	工装定位	1 个	
rslib 模型	控制柜	1 个	
rslib 模型	安全围栏	1 个	

3. 实施内容及操作步骤

表 3-4 所示为完成任务所需要的实施内容及操作步骤。

项目三 汽车门激光切割工作站

表 3-4 实施内容及操作步骤

步骤	截图	操作步骤说明
一		①创建空工作站,在"基本"功能选项卡中单击"导入模型库",浏览库文件 ②把6个.rslib文件导入工作站
二		①在"ABB模型库"中选择"IRB 4600"型机器人并导入 ②用鼠标左键按住不放,把夹具"CuttingTool"拖拽至"IRB4600_20_250_C_01"后松开左键,将其安装到机器人上 ③单击"机器人系统"按钮,选择"从布局"安装机器人系统
三		①创建工件坐标 ②同步到"RAPID" ③打开示教器,将手动操纵里的工具与工件坐标改好

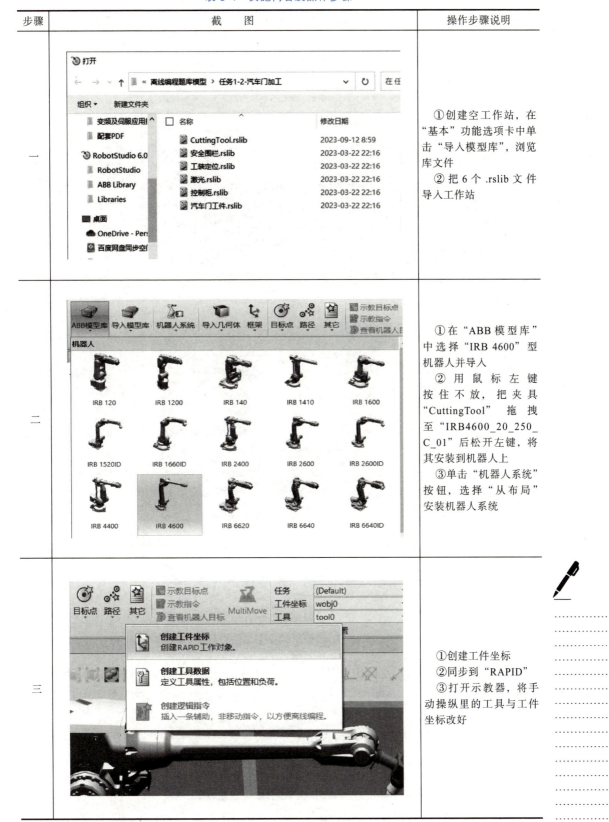

续表

步骤	截 图	操作步骤说明
四	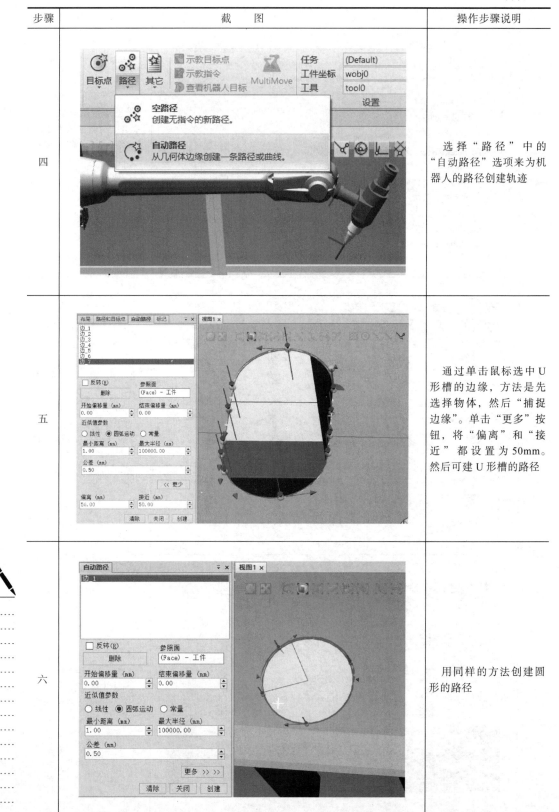	选择"路径"中的"自动路径"选项来为机器人的路径创建轨迹
五		通过单击鼠标选中U形槽的边缘,方法是先选择物体,然后"捕捉边缘"。单击"更多"按钮,将"偏离"和"接近"都设置为50mm。然后可建U形槽的路径
六		用同样的方法创建圆形的路径

062

续表

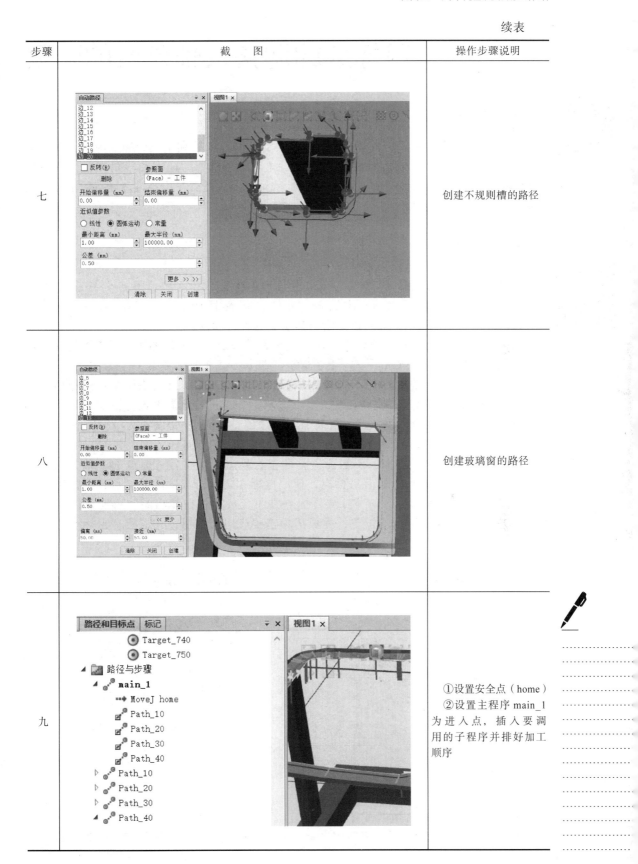

任务二 目标点的调整及轴参数的配置

示教器建主程序调用

任务描述

自动生成了机器人激光切割的运行轨迹后,在路径开始和结束处插入原点,并调整路径目标点的方向,完成自动配置轴参数,优化运动指令的速度和转角半径,并通过"沿着路径运动"选项对每条轨迹进行仿真,验证机器人是否在不经过奇异点的情况下就能够到达每个加工点。

添加过渡点

任务分析

1. 机器人目标点调整步骤

①查看目标点。在"基本"功能选项卡中单击"路径和目标点"按钮,依次展开"LaserCutting"→"T_ROB1"→"工件坐标&目标点"→"Workobject_1"→"Workobject_1_of"选项,就可以查看自动生成的各目标点。

② 查看工具姿态。选中目标点并使用鼠标右键单击,在弹出的快捷菜单中选择"查看目标处工具"→"LaserGun"选项,在轨迹上即显示出工具的姿态。

③ 调整目标点。选择目标点并使用鼠标右键单击,在弹出的快捷菜单中选择"修改目标"→"旋转"选项,在弹出的"旋转"对话框中进行参数设置(图3-9):在"参考"下拉列表框中选择"本地",旋转轴选择"Z",旋转角度设置为"-90",设置完成后,单击"应用"按钮,工具按照设置进行旋转。在当前任务中,目标点的Z轴方向均为工件表面的法线方向,不需要进行调整,只需要调整各目标点的X轴方向。利用Shift键和鼠标左键选中所有目标点,使用鼠标右键单击选中的目标点,在弹出的快捷菜单中选择"修改目标"→"对准目标点方向"选项,在弹出的"对准目标点"对话框中进行如图3-10所示的设置,完成后单击"应用"按钮,完成所有目标点的姿态调整。

图 3-9 目标点参数设置   图 3-10 目标点方向

2. 单个目标点轴参数的配置

因为没有配置轴参数,路径下的各目标点均为配置参数未认证状态,此时机器人不能依照路径进行运动。单个目标点轴参数的配置步骤如下。

① 选择目标点并使用鼠标右键单击，在弹出的快捷菜单中选择"参数配置"选项。

② 选择合适的配置参数，单击"应用"按钮，完成轴参数的配置。图 3-11 中目标点轴参数配置时选择绝对值为最小的值"Cfg5（0, 0, -1, 1）"。

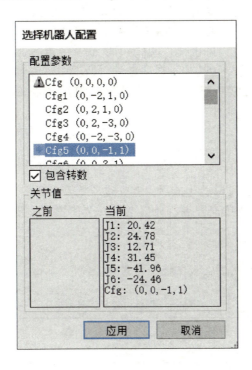

图 3-11　目标点轴参数配置

3. 配置所有目标点的轴参数

在路径属性中，可以为所有目标点自动调整轴参数。使用鼠标右键单击"Path_10"选项，在弹出的快捷菜单中选择"自动配置"→"所有移动指令"选项。

4. 增加轨迹接近点和轨迹离开点

① 复制目标。在目标点"Target_10"上使用鼠标右键单击，在弹出的快捷菜单中选择"复制"选项。

② 粘贴目标点。使用鼠标右键单击工件坐标系"Workobject_1"，在弹出的快捷菜单中选择"粘贴"选项。

③ 修改复制的目标点。将复制后的点"Target_10_2"更名为"Approach"。在"Approach"上使用鼠标右键单击，在弹出的快捷菜单中选中"修改目标"→"偏移位置"选项，在弹出的"偏移位置"对话框中，将"Translation"中的 z 值设置为"-100"，单击"应用"按钮。

④ 添加复制的目标点至路径。使用鼠标右键单击目标点"Approach"，在弹出的快捷菜单中选择"添加路径"→"Path_10"→"第一"选项，将"WobjFixture"增加的点添加到路径中。

5. 增加安全位置点

① 机器人回机械原点。在"布局"选项卡中，使用鼠标右键单击"IRB2600_12_

165_02"选项,在弹出的快捷菜单中选择"回到机械原点"选项,让机器人回到机械原点。

② 生成目标点。将工件坐标系设置为"wobj0",单击"示教目标点",生成目标点"Target_620"。

③ 修改目标点并添加到路径。将生成的目标点"Target_620"更名为"home",并将其添加到路径"Path_10"的第一和最后一行。

④ 编辑运动参数。在"Path_10"中使用鼠标右键单击"MoveL home",在弹出的快捷菜单中选择"编辑指令"选项,在弹出的对话框中对参数进行修改,修改完后单击"应用"按钮。对于轨迹接近点"Approach"和轨迹离开点"Depart",可参照"home"点修改其运动参数。

任务实施

1. 实施要求

完成了 4 个部分的自动路径生成后,首先进行机器人目标点的调整及轴参数的配置,然后增加轨迹接近点和轨迹离开点,最后增加安全位置点。要求由一个例行程序调用 4 个路径的例行程序。

2. 设备器材

表 3-5 所示为完成任务所需要的设备及工具。

表 3-5 实践设备及工具列表

名称	规格型号	数量	备注
计算机	内存 8GB 以上	1 台	
软件	RobotStudio 6.08	1 个	
rslib 模型	工件	1 个	
rslib 模型	激光	1 个	
rslib 模型	工装定位	1 个	
rslib 模型	控制柜	1 个	
rslib 模型	安全围栏	1 个	

3. 实施内容及操作步骤

表 3-6 所示为完成任务所需要的实施内容及操作步骤。

表 3-6 实施内容及操作步骤

步骤	截 图	操作步骤说明
| 一 | ```
PROC Path_U()
    MoveL Target_10,v1000,fine,tCutHead\WObj:=Workobject_1;
    MoveL Target_20,v1000,fine,tCutHead\WObj:=Workobject_1;
    MoveC Target_30,Target_40,v1000,fine,tCutHead\WObj:=Workobject_1;
    MoveL Target_50,v1000,fine,tCutHead\WObj:=Workobject_1;
    MoveL Target_60,v1000,fine,tCutHead\WObj:=Workobject_1;
    MoveL Target_70,v1000,fine,tCutHead\WObj:=Workobject_1;
    MoveC Target_80,Target_90,v1000,fine,tCutHead\WObj:=Workobject_1;
    MoveL Target_100,v1000,fine,tCutHead\WObj:=Workobject_1;
    MoveL Target_110,v1000,fine,tCutHead\WObj:=Workobject_1;
    MoveL Target_120,v1000,fine,tCutHead\WObj:=Workobject_1;
    MoveL Target_130,v1000,fine,tCutHead\WObj:=Workobject_1;
ENDPROC
PROC Path_cycle()
    MoveL Target_140,v1000,fine,tCutHead\WObj:=Workobject_1;
    MoveL Target_150,v1000,fine,tCutHead\WObj:=Workobject_1;
    MoveC Target_160,Target_170,v1000,fine,tCutHead\WObj:=Workobject_1;
    MoveC Target_180,Target_190,v1000,fine,tCutHead\WObj:=Workobject_1;
    MoveL Target_200,v1000,fine,tCutHead\WObj:=Workobject_1;
ENDPROC
``` | 打开 RAPID，查看 Path_U 与 Path_cycle 程序 |
| 二 | ```
PROC Path_erose()
    MoveL Target_210,v1000,fine,tCutHead\WObj:=Workobject_1;
    MoveL Target_220,v1000,fine,tCutHead\WObj:=Workobject_1;
    MoveL Target_230,v1000,fine,tCutHead\WObj:=Workobject_1;
    MoveL Target_240,v1000,fine,tCutHead\WObj:=Workobject_1;
    MoveL Target_250,v1000,fine,tCutHead\WObj:=Workobject_1;
    MoveC Target_260,Target_270,v1000,fine,tCutHead\WObj:=Workobject_1;
    MoveL Target_280,v1000,fine,tCutHead\WObj:=Workobject_1;
    MoveL Target_290,v1000,fine,tCutHead\WObj:=Workobject_1;
    MoveL Target_300,v1000,fine,tCutHead\WObj:=Workobject_1;
    MoveL Target_310,v1000,fine,tCutHead\WObj:=Workobject_1;
    MoveL Target_320,v1000,fine,tCutHead\WObj:=Workobject_1;
    MoveC Target_330,Target_340,v1000,fine,tCutHead\WObj:=Workobject_1;
    MoveL Target_350,v1000,fine,tCutHead\WObj:=Workobject_1;
    MoveL Target_360,v1000,fine,tCutHead\WObj:=Workobject_1;
    MoveL Target_370,v1000,fine,tCutHead\WObj:=Workobject_1;
    MoveC Target_380,Target_390,v1000,fine,tCutHead\WObj:=Workobject_1;
    MoveL Target_400,v1000,fine,tCutHead\WObj:=Workobject_1;
    MoveL Target_410,v1000,fine,tCutHead\WObj:=Workobject_1;
    MoveL Target_420,v1000,fine,tCutHead\WObj:=Workobject_1;
    MoveL Target_430,v1000,fine,tCutHead\WObj:=Workobject_1;
    MoveC Target_440,Target_450,v1000,fine,tCutHead\WObj:=Workobject_1;
    MoveC Target_460,Target_470,v1000,fine,tCutHead\WObj:=Workobject_1;
    MoveL Target_480,v1000,fine,tCutHead\WObj:=Workobject_1;
ENDPROC
``` | 查看 RAPID 中的 Path_erose 路径程序 |
| 三 | ```
PROC Path_window()
    MoveL Target_490,v1000,fine,tCutHead\WObj:=Workobject_1;
    MoveL Target_500,v1000,fine,tCutHead\WObj:=Workobject_1;
    MoveL Target_510,v1000,fine,tCutHead\WObj:=Workobject_1;
    MoveC Target_520,Target_530,v1000,fine,tCutHead\WObj:=Workobject_1;
    MoveC Target_540,Target_550,v1000,fine,tCutHead\WObj:=Workobject_1;
    MoveL Target_560,v1000,fine,tCutHead\WObj:=Workobject_1;
    MoveL Target_570,v1000,fine,tCutHead\WObj:=Workobject_1;
    MoveC Target_580,Target_590,v1000,fine,tCutHead\WObj:=Workobject_1;
    MoveL Target_600,v1000,fine,tCutHead\WObj:=Workobject_1;
    MoveL Target_610,v1000,fine,tCutHead\WObj:=Workobject_1;
    MoveL Target_620,v1000,fine,tCutHead\WObj:=Workobject_1;
    MoveL Target_630,v1000,fine,tCutHead\WObj:=Workobject_1;
    MoveL Target_640,v1000,fine,tCutHead\WObj:=Workobject_1;
    MoveL Target_650,v1000,fine,tCutHead\WObj:=Workobject_1;
    MoveL Target_660,v1000,fine,tCutHead\WObj:=Workobject_1;
    MoveC Target_670,Target_680,v1000,fine,tCutHead\WObj:=Workobject_1;
    MoveC Target_690,Target_700,v1000,fine,tCutHead\WObj:=Workobject_1;
    MoveC Target_710,Target_720,v1000,fine,tCutHead\WObj:=Workobject_1;
    MoveL Target_730,v1000,fine,tCutHead\WObj:=Workobject_1;
    MoveL Target_740,v1000,fine,tCutHead\WObj:=Workobject_1;
    MoveL Target_750,v1000,fine,tCutHead\WObj:=Workobject_1;
ENDPROC
``` | 查看 RAPID 中的 Path_window 路径程序 |
```

续表

步骤	截图	操作步骤说明
四	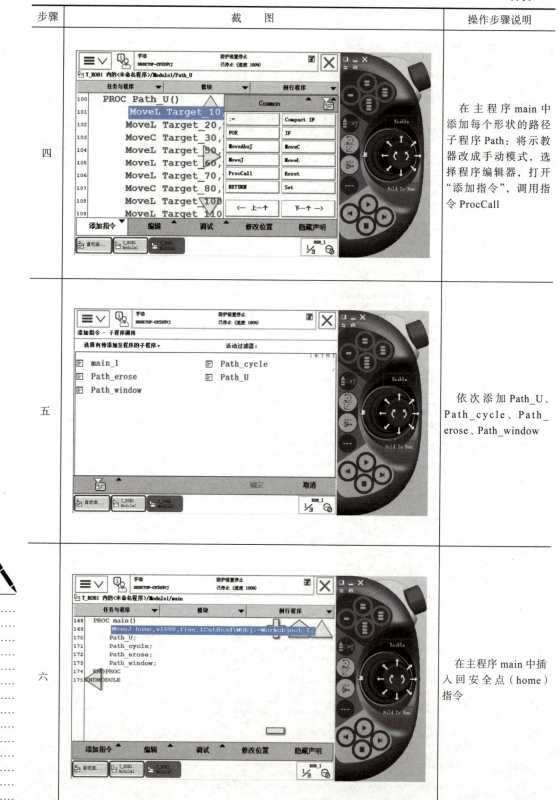	在主程序 main 中添加每个形状的路径子程序 Path：将示教器改成手动模式，选择程序编辑器，打开"添加指令"，调用指令 ProcCall
五		依次添加 Path_U、Path_cycle、Path_erose、Path_window
六		在主程序 main 中插入回安全点（home）指令

续表

步骤	截图	操作步骤说明
七	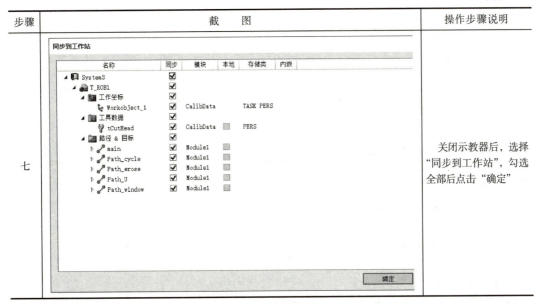	关闭示教器后，选择"同步到工作站"，勾选全部后点击"确定"

任务三　程序完善与仿真调试

路径仿真

任务描述

为汽车门加工轨迹程序配置机器人 I/O 板和 I/O 信号，完善程序后，对离线加工轨迹和 I/O 信号进行仿真调试。

任务分析

I/O 点开关激光仿真

1. 配置机器人 I/O 板

本任务首先需要配置机器人 I/O 板。ABB 工业机器人标准 I/O 板的型号有 DSQC651、DSQC652、DSQC653、DSQC355A 、DSQC377A 等。不同型号的板卡具有数量不等的数字量输入、数字量输出及模拟量输出通道。标准 I/O 板参数见表 3-7。

表 3-7　标准 I/O 板参数

参数名称	说明
Name	I/O 板名称
Type of Unit	I/O 板类型
Connected to Bus	I/O 板所连接的总线
DeviceNet Address	I/O 板在总线中的地址

2. 配置 I/O 信号

配置好机器人 I/O 板后，接下来是配置 I/O 信号并连接到配置好的机器人 I/O 板上。

实现机器人和外部设备的通信，除有标准 I/O 板以外，还需要在标准 I/O 板上进行 I/O 信号的设置。标准 I/O 信号参数见表 3-8。

表 3-8　标准 I/O 信号参数

参数名称	说明
Name	设置信号的名称
Type of Signal	设置信号的类型
Assigned to Device	设定的信号所在的 I/O 模块
Device Mapping	设定信号所占用的地址

3. 编写 I/O 控制指令

（1）置位指令 Set

指令格式：Set doLaser；

指令含义：将数字输出信号 doLaser 置位为 1。

（2）复位指令 Reset

指令格式：Reset doLaser；

指令含义：将数字输出信号 doLaser 复位为 0。

（3）WaitDI

指令格式：WaitDI diLaserOK，1；

指令含义：等待 diLaserOK 的值为 1。如果 diLaserOK 为 1，则程序继续往下执行；如果达到最大等待时间 300s 以后，diLaserOK 的值还不为 1，则机器人报警或进入出错处理程序。

（4）WaitDO

指令格式：WaitDO doLaser，1；

指令含义：等待 doLaser 的值为 1。如果 doLaser 为 1，则程序继续往下执行；如果达到最大等待时间 300s 以后，doLaser 的值还不为 1，则机器人报警或进入出错处理程序。

任务实施

1. 实施要求

我们在完成了由一个例行程序调用 4 个路径的例行程序后，首先为汽车门加工轨迹程序配置机器人 I/O 板（board10），然后新建数字量输出信号 I/OdoLaser，重新启动控制器，修改优化程序后，对离线加工轨迹和 I/O 信号进行仿真调试。

2. 设备器材

表 3-9 所示为完成任务所需要的设备及工具。

表 3-9　实践设备及工具列表

名称	规格型号	数量	备注
计算机	内存 8GB 以上	1 台	
软件	RobotStudio 6.08	1 个	
rslib 模型	工件	1 个	
rslib 模型	激光	1 个	

项目三 汽车门激光切割工作站

续表

名称	规格型号	数量	备注
rslib 模型	工装定位	1个	
rslib 模型	控制柜	1个	
rslib 模型	安全围栏	1个	

3. 实施内容及操作步骤

表3-10所示为完成任务所需要的实施内容及操作步骤。ABB程序不区分英文大小写。

表 3-10 实施内容及操作步骤

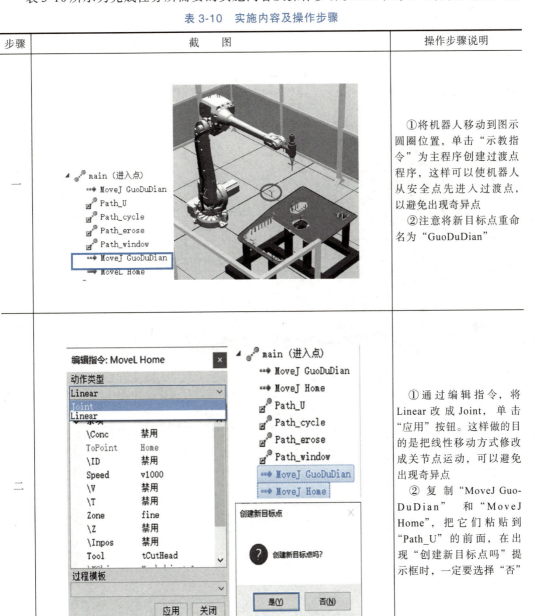

步骤	截　图	操作步骤说明
一		①将机器人移动到图示圆圈位置，单击"示教指令"为主程序创建过渡点程序，这样可以使机器人从安全点先进入过渡点，以避免出现奇异点 ②注意将新目标点重命名为"GuoDuDian"
二		①通过编辑指令，将Linear改成Joint，单击"应用"按钮。这样做的目的是把线性移动方式修改成关节点运动，可以避免出现奇异点 ②复制"MoveJ GuoDuDian"和"MoveJ Home"，把它们粘贴到"Path_U"的前面，在出现"创建新目标点吗"提示框时，一定要选择"否"

续表

步骤	截 图	操作步骤说明
三	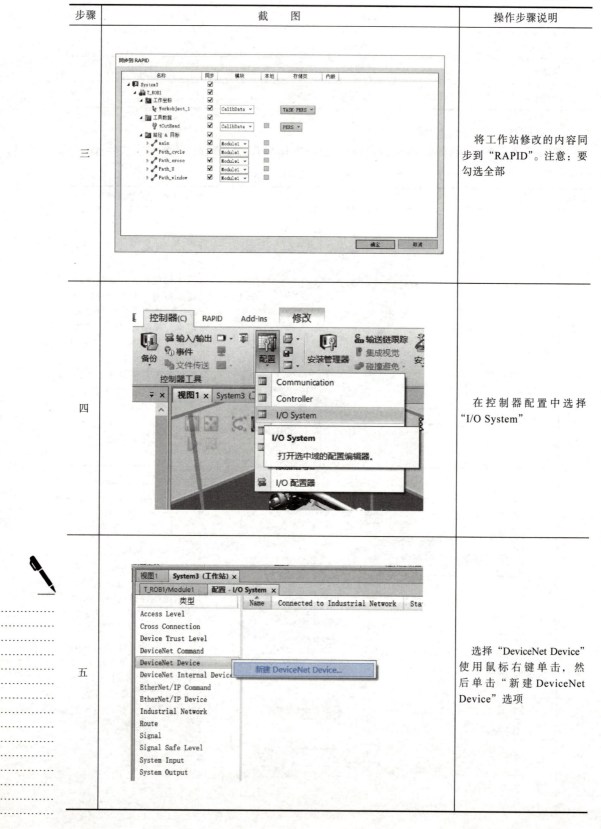	将工作站修改的内容同步到"RAPID"。注意：要勾选全部
四		在控制器配置中选择"I/O System"
五		选择"DeviceNet Device"使用鼠标右键单击，然后单击"新建 DeviceNet Device"选项

续表

步骤	截图	操作步骤说明
六		改成图示设置。"Name"改成"board10",选择"Yes",单击"确定"按钮
七		出现"实例编辑器"提示框时,单击"确定"按钮
八		使用鼠标右键单击"Singal",选择"新建Signal"来新建一个信号

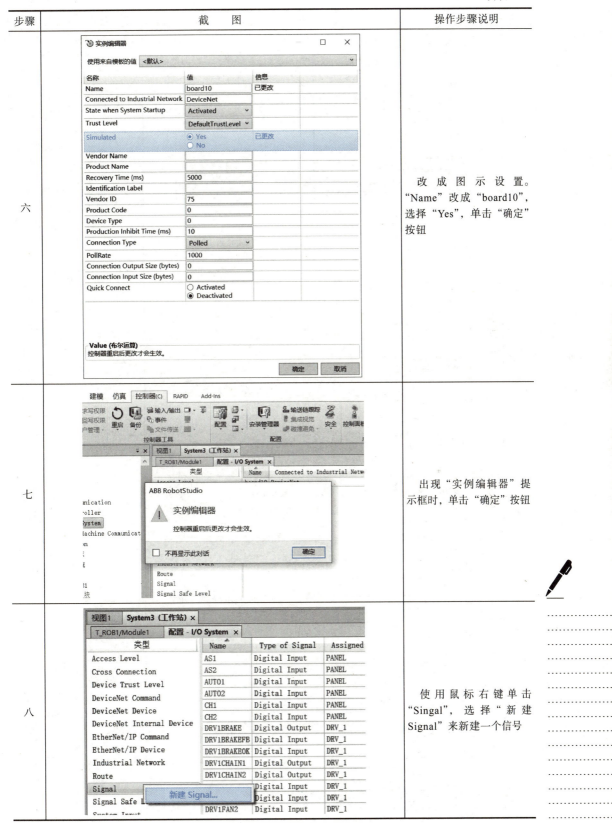

续表

步骤	截图	操作步骤说明
九	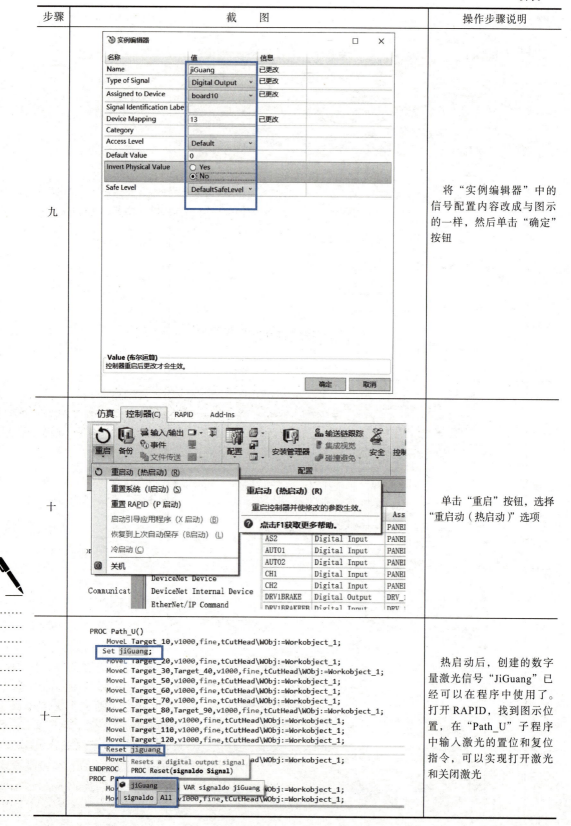	将"实例编辑器"中的信号配置内容改成与图示的一样,然后单击"确定"按钮
十		单击"重启"按钮,选择"重启动(热启动)"选项
十一		热启动后,创建的数字量激光信号"JiGuang"已经可以在程序中使用了。打开 RAPID,找到图示位置,在"Path_U"子程序中输入激光的置位和复位指令,可以实现打开激光和关闭激光

续表

步骤	截图	操作步骤说明
| 十二 | ```
PROC Path_cycle()
    MoveL Target_140,v1000,fine,tCutHead\WObj:=Workobject_1;
    Set jiguang;
    MoveL Target_150,v1000,fine,tCutHead\WObj:=Workobject_1;
    MoveC Target_160,Target_170,v1000,fine,tCutHead\WObj:=Workobject_1;
    MoveC Target_180,Target_190,v1000,fine,tCutHead\WObj:=Workobject_1;
    Reset jiguang;
    MoveL Target_200,v1000,fine,tCutHead\WObj:=Workobject_1;
ENDPROC
``` | 在"Path_cycle"中加入打开激光和关闭激光的指令 |
| 十三 | ```
PROC Path_erose()
    MoveL Target_210,v1000,fine,tCutHead\WObj:=Workobject_1;
    Set jiguang;
    MoveL Target_220,v1000,fine,tCutHead\WObj:=Workobject_1;
    MoveL Target_230,v1000,fine,tCutHead\WObj:=Workobject_1;
    MoveL Target_240,v1000,fine,tCutHead\WObj:=Workobject_1;
    MoveL Target_250,v1000,fine,tCutHead\WObj:=Workobject_1;
    MoveC Target_260,Target_270,v1000,fine,tCutHead\WObj:=Workobject_1;
    MoveL Target_280,v1000,fine,tCutHead\WObj:=Workobject_1;
    MoveL Target_290,v1000,fine,tCutHead\WObj:=Workobject_1;
    MoveL Target_300,v1000,fine,tCutHead\WObj:=Workobject_1;
    MoveL Target_310,v1000,fine,tCutHead\WObj:=Workobject_1;
    MoveL Target_320,v1000,fine,tCutHead\WObj:=Workobject_1;
    MoveC Target_330,Target_340,v1000,fine,tCutHead\WObj:=Workobject_1;
    MoveL Target_350,v1000,fine,tCutHead\WObj:=Workobject_1;
    MoveL Target_360,v1000,fine,tCutHead\WObj:=Workobject_1;
    MoveL Target_370,v1000,fine,tCutHead\WObj:=Workobject_1;
    MoveC Target_380,Target_390,v1000,fine,tCutHead\WObj:=Workobject_1;
    MoveL Target_400,v1000,fine,tCutHead\WObj:=Workobject_1;
    MoveL Target_410,v1000,fine,tCutHead\WObj:=Workobject_1;
    MoveL Target_420,v1000,fine,tCutHead\WObj:=Workobject_1;
    MoveL Target_430,v1000,fine,tCutHead\WObj:=Workobject_1;
    MoveC Target_440,Target_450,v1000,fine,tCutHead\WObj:=Workobject_1;
    MoveC Target_460,Target_470,v1000,fine,tCutHead\WObj:=Workobject_1;
    Reset jiguang;
    MoveL Target_480,v1000,fine,tCutHead\WObj:=Workobject_1;
ENDPROC
``` | 在"Path_erose"中加入打开激光和关闭激光的指令 |
| 十四 | ```
PROC Path_window()
    MoveL Target_490,v1000,fine,tCutHead\WObj:=Workobject_1;
    Set jiguang;
    MoveL Target_500,v1000,fine,tCutHead\WObj:=Workobject_1;
    MoveL Target_510,v1000,fine,tCutHead\WObj:=Workobject_1;
    MoveC Target_520,Target_530,v1000,fine,tCutHead\WObj:=Workobject_1;
    MoveC Target_540,Target_550,v1000,fine,tCutHead\WObj:=Workobject_1;
    MoveL Target_560,v1000,fine,tCutHead\WObj:=Workobject_1;
    MoveL Target_570,v1000,fine,tCutHead\WObj:=Workobject_1;
    MoveC Target_580,Target_590,v1000,fine,tCutHead\WObj:=Workobject_1;
    MoveL Target_600,v1000,fine,tCutHead\WObj:=Workobject_1;
    MoveL Target_610,v1000,fine,tCutHead\WObj:=Workobject_1;
    MoveL Target_620,v1000,fine,tCutHead\WObj:=Workobject_1;
    MoveL Target_630,v1000,fine,tCutHead\WObj:=Workobject_1;
    MoveL Target_640,v1000,fine,tCutHead\WObj:=Workobject_1;
    MoveL Target_650,v1000,fine,tCutHead\WObj:=Workobject_1;
    MoveL Target_660,v1000,fine,tCutHead\WObj:=Workobject_1;
    MoveC Target_670,Target_680,v1000,fine,tCutHead\WObj:=Workobject_1;
    MoveC Target_690,Target_700,v1000,fine,tCutHead\WObj:=Workobject_1;
    MoveC Target_710,Target_720,v1000,fine,tCutHead\WObj:=Workobject_1;
    MoveL Target_730,v1000,fine,tCutHead\WObj:=Workobject_1;
    MoveL Target_740,v1000,fine,tCutHead\WObj:=Workobject_1;
    Reset jiguang;
    MoveL Target_750,v1000,fine,tCutHead\WObj:=Workobject_1;
ENDPROC
``` | 在"Path_window"中加入打开激光和关闭激光的指令 |
```

续表

步骤	截图	操作步骤说明
十五		在完成上面操作后单击"应用"按钮
十六		在"基本"功能选项卡中单击"同步"按钮,选择"同步到工作站"选项
十七		勾选全部,单击"确定"按钮

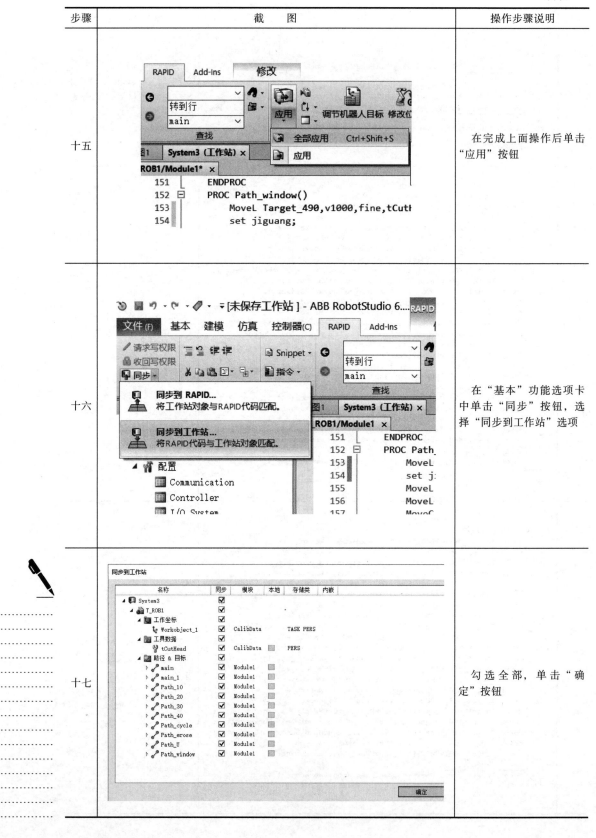

续表

步骤	截图	操作步骤说明
十八	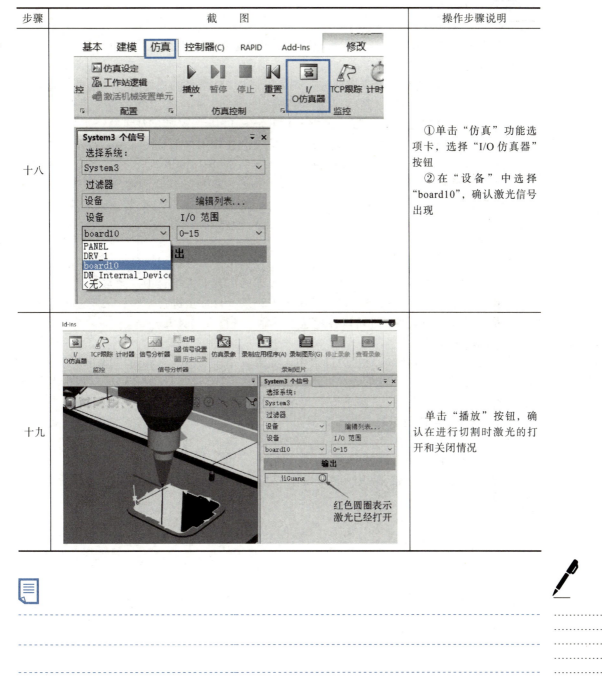	①单击"仿真"功能选项卡,选择"I/O仿真器"按钮 ②在"设备"中选择"board10",确认激光信号出现
十九		单击"播放"按钮,确认在进行切割时激光的打开和关闭情况

项目总结

本项目是用离线编程方法完成汽车门加工轨迹的编程，编程的关键点如下。

1. 轨迹曲线的生成

① 可以先创建曲线，再生成曲线，还可以捕捉3D模型的边缘进行轨迹的创建。在使用"自动路径"功能时，可以用鼠标指针捕捉边缘，从而生成机器人的运动轨迹。

② 对于一些复杂的3D模型，在导入RobotStudio后，某些特征可能会丢失。此外，RobotStudio只提供基本的建模功能，所以在导入3D模型之前，可采用某些专业的制图软件进行处理，在模型表面绘制相关曲线，在导入RobotStudio后，直接将已有的曲线转化成机器人轨迹。

③ 在生成轨迹时，需要根据实际情况选取合适的近似值参数，并调整参数的大小。

2. 目标点的调整

目标点调整的方法有多种，在实际应用的过程中，单独使用一种方法难以将目标点一次性调整到位，尤其是在对工具姿态要求较高的工艺需求场合中，通常要综合运用多种方法进行多次调整。建议在调整过程中，先对某一目标点进行调整，反复尝试调整完成后，其他目标点的某些属性可以参考这个目标点进行方向对准。

3. 轴参数的调整

在对目标点进行轴参数配置的过程中，如果轨迹较长，则会遇到相邻两个目标点之间的轴参数变化过大，从而在运行轨迹上出现无法完成动作的现象。一般可以采取如下方法进行更改。

① 轨迹起始点使用不同的轴参数，如有需要，可勾选"包含转数"复选框，再选择轴参数。

② 更改轨迹的起始点位置。

③ 运用其他指令，如SingArea、ConfL和ConfJ等。

项目评价

具体评价方法见表 3-11。

表 3-11 项目考核评价表

项目内容	评分标准	配分	扣分	得分
完成机器人工具和工件的导入和配置	①工件导入不成功，每个扣 2 分 ②工件不能摆放至正确位置，每处扣 3 分 ③工具导入不成功，扣 2 分 ④工具不能正确装配至机器人法兰盘，扣 3 分	15		
配置 I/O 单元、信号	每少配置一个点扣 2 分，扣完为止	15		
创建机器人基本数据	①除工具坐标系和工件坐标系外，每缺失一个数据扣 3 分，创建不准确酌情给分 ②工具坐标系建立不成功或错误，扣 4 分 ③工件坐标系建立不成功或错误，扣 4 分	15		
机器人运行轨迹分析	①不能根据工件尺寸合理安排机器人的运行轨迹，扣 4 分 ②工具的姿态分析不合理，每处扣 2 分	15		
加工轨迹的离线编程操作	①演示过程中检测到碰撞，扣 10 分 / 次 ②运行轨迹不按工艺要求，每处扣 5 分 ③缺少必需的安全过渡点，每处扣 5 分 ④缺少 I/O 控制功能，每处扣 1 分 ⑤未按轨迹规划的指定方向、指定起点运行，扣 5 分 ⑥设置点偏差超过 2mm，每个点扣 2 分 ⑦未完成机器人工作环境的创建，缺少一项扣 2 分 ⑧未完成机器人加工轨迹的设计和优化，扣 5 分	20		
功能演示	①没有信号指示或指示错误，每处扣 2 分 ②演示功能错误或缺失，按比例扣分；无任何正确的功能现象，本项为 0 分	20		
备注	各项目的最高扣分不应超过配分数			
开始时间		结束时间		实际时间	

项目扩展

1. 扩展要求

完成工业机器人涂胶工作站的编程与仿真,进一步熟练掌握例行程序的创建和编写、程序的调试、轨迹的优化、I/O 信号的设置。

2. 扩展内容

通常,工业机器人更适合于处理简单工作和用于大规模工业生产。工业机器人的操作规则、工作方法和运行程序不断变化,这取决于要生产的产品的变化。另外,在当今的制造业中,机器人大多用于制造过程、劳动强度较大安装工序,用来取代人工,从而减少生产对人体的伤害,改善员工工作环境,增强对于员工职业病的预防。以小车模型的车窗涂胶和玻璃安装为例,在 RobotStudio 中建立虚拟工作站,利用 IRB 1200 型机器人对小车模型的前窗、后窗、顶窗进行涂胶,并将其安装(按照前窗→顶窗→后窗的顺序),一共需要完成 3 片汽车玻璃的涂胶和搬运工作。涂胶工作站如图 3-12 所示。请分析机器人的运行轨迹和操作流程,按照图 3-13 所示工序流程进行轨迹程序的编程与调试,通过离线仿真完成机器人的功能演示。

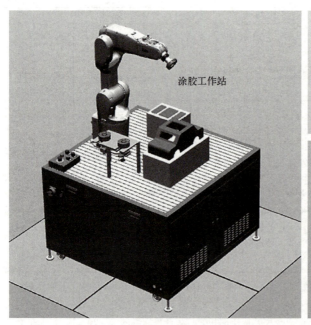

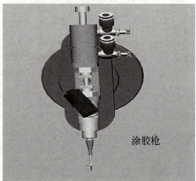

图 3-12 工业机器人涂胶工作站

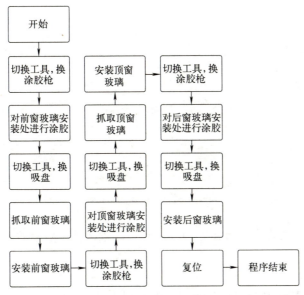

图 3-13 工业机器人涂胶工作站工序流程

3. 扩展思考

机器人涂胶工作站在完成了三个车窗的涂胶后，还需要把三个车窗玻璃搬运到车窗的位置，那么大家觉得是涂完一个车窗后马上搬运车窗玻璃，还是涂完全部三个车窗后再进行玻璃搬呢？程序按照工序的变化要怎么修改呢？请结合训练情况，谈谈你的想法。

4. 机器人 RAPID 参考编程与注释
（1）主程序

主程序包含复位程序、前窗涂胶、安装程序，顶窗涂胶、安装程序，后窗涂胶、安装程序。

```
PROC main()
    fuwei;
    qianchuang;
    dingchuang;
    houchuang;
ENDPROC
```

（2）复位程序

调用初始化机器人程序。机器人回到原点，涂胶组件、吸盘组件和快换工具组件信号都为 0。

```
PROC fuwei()
    MoveJ home,v150,fine,Fixture_Mupan\WObj:=wobj0;
    Reset Do_Fixture0;
    Reset Do_Gluegun0;
    Reset Do_VacuumTool0;
ENDPROC
```

（3）前窗涂胶和安装程序

首先进行前窗涂胶和安装。程序开始，先去执行 Pick_Glue 子程序，快换工具拾取涂胶枪并移动到前窗预涂胶处，开启 Do_Gluegun0，开始沿着前窗的路径进行涂胶，涂胶结束后执行 Reset Do_Gluegun0，关闭涂胶，机器人执行 GULE_TO_VACUUM 子程序，切换吸盘并移动到前窗玻璃的位置，吸盘 Do_VacuumTool0 信号为 1，吸取玻璃，随后移动到放置点，重置 Do_VacuumTool0，放置玻璃。然后继续切换工具为涂胶枪，运行后续程序。

```
PROC qianchuang()
    Pick_Gule;
    MoveL qc_p3,v200,z100,Tooldata_Gluegun\WObj:=wobj0;
    MoveL qc_p10,v200,fine,Tooldata_Gluegun\WObj:=wobj0;
    Set Do_Gluegun0;
    MoveL qc_p11,v200,z100,Tooldata_Gluegun\WObj:=wobj0;
    MoveC qc_p12,qc_p13,v200,z100,Tooldata_Gluegun\WObj:=wobj0;
    MoveL qc_p14,v200,z100,Tooldata_Gluegun\WObj:=wobj0;
    MoveC qc_p15,qc_p16,v200,z100,Tooldata_Gluegun\WObj:=wobj0;
    MoveL qc_p17,v200,z100,Tooldata_Gluegun\WObj:=wobj0;
    MoveC qc_p18,qc_p19,v200,z100,Tooldata_Gluegun\WObj:=wobj0;
    MoveL qc_p20,v200,z100,Tooldata_Gluegun\WObj:=wobj0;
    MoveC qc_p21,qc_p10,v200,fine,Tooldata_Gluegun\WObj:=wobj0;
    Reset Do_Gluegun0;
```

```
        MoveL qc_p3,v200,fine,Tooldata_Gluegun\WObj:=wobj0;
        GULE_TO_VACUUM;
        MoveL qc_p2,v200,z100,Tooldata_VacuumTool\WObj:=wobj0;
        MoveL Offs(qc_p1,0,0,100),v200,z100,Tooldata_VacuumTool\WObj:=wobj0;
        MoveL qc_p1,v200,fine,Tooldata_VacuumTool\WObj:=wobj0;
        Set Do_VacuumTool0;
        WaitTime 0.5;
        MoveL Offs(qc_p1,0,0,100),v200,z100,Tooldata_VacuumTool\WObj:=wobj0;
        MoveJ qc_p4,v200,z100,Tooldata_VacuumTool\WObj:=wobj0;
        MoveJ qc_p5,v200,z100,Tooldata_VacuumTool\WObj:=wobj0;
        MoveL qc_p6,v200,fine,Tooldata_VacuumTool\WObj:=wobj0;
        Reset Do_VacuumTool0;
        WaitTime 0.5;
        MoveJ qc_p5,v200,z100,Tooldata_VacuumTool\WObj:=wobj0;
        MoveJ qc_p4,v200,z100,Tooldata_VacuumTool\WObj:=wobj0;
        VACUUM_TO_GULE;
        ENDPROC
```

（4）顶窗涂胶和安装程序

然后进行顶窗玻璃的涂胶和安装。程序开始，移动到顶窗预涂胶的位置，开启 Do_Gluegun0，开始沿顶窗的路径进行涂胶，涂胶结束后重置 Do_Gluegun0，关闭涂胶，机器人执行 GULE_TO_VACUUM 子程序，切换吸盘并移动到顶窗玻璃的位置，吸盘 Do_VacuumTool0 信号为 1，吸取顶窗，随后移动到放置点，重置 Do_VacuumTool0，放置玻璃。然后继续切换工具为涂胶枪，运行后续程序。

```
        PROC dingchuang()
        MoveJ dc_p3,v200,z100,Tooldata_Gluegun\WObj:=wobj0;
        MoveL dc_p10,v200,fine,Tooldata_Gluegun\WObj:=wobj0;
        Set Do_Gluegun0;
        MoveL dc_p11,v200,z100,Tooldata_Gluegun\WObj:=wobj0;
        MoveC dc_p12,dc_p13,v200,z100,Tooldata_Gluegun\WObj:=wobj0;
        MoveL dc_p14,v200,z100,Tooldata_Gluegun\WObj:=wobj0;
        MoveC dc_p15,dc_p16,v200,z100,Tooldata_Gluegun\WObj:=wobj0;
        MoveL dc_p17,v200,z100,Tooldata_Gluegun\WObj:=wobj0;
        MoveC dc_p18,dc_p19,v200,z100,Tooldata_Gluegun\WObj:=wobj0;
        MoveL dc_p20,v200,z100,Tooldata_Gluegun\WObj:=wobj0;
        MoveC dc_p21,dc_p10,v200,fine,Tooldata_Gluegun\WObj:=wobj0;
        Reset Do_Gluegun0;
        MoveJ dc_p3,v200,z100,Tooldata_Gluegun\WObj:=wobj0;
        GULE_TO_VACUUM;
        MoveL dc_p2,v200,z100,Tooldata_VacuumTool\WObj:=wobj0;
        MoveL Offs(dc_p1,0,0,100),v200,z100,Tooldata_VacuumTool\WObj:=wobj0;
        MoveL dc_p1,v200,fine,Tooldata_VacuumTool\WObj:=wobj0;
```

```
    Set Do_VacuumTool0;
    WaitTime 0.5;
    MoveL Offs(dc_p1,0,0,100),v200,z100,Tooldata_VacuumTool\WObj:=wobj0;
    MoveJ dc_p4,v200,z100,Tooldata_VacuumTool\WObj:=wobj0;
    MoveL dc_p5,v200,z100,Tooldata_VacuumTool\WObj:=wobj0;
    MoveL dc_p6,v200,fine,Tooldata_VacuumTool\WObj:=wobj0;
    Reset Do_VacuumTool0;
    WaitTime 0.5;
    MoveJ dc_p5,v200,z100,Tooldata_VacuumTool\WObj:=wobj0;
    MoveJ dc_p4,v200,z100,Tooldata_VacuumTool\WObj:=wobj0;
    VACUUM_TO_GULE;
ENDPROC
```

（5）后窗涂胶和安装程序

最后进行后窗玻璃的涂胶和安装。程序开始，机器人移动到后窗涂胶的位置，开启 Do_Gluegun0，开始沿后窗的路径进行涂胶，涂胶结束后重置 Do_Gluegun0，关闭涂胶。机器人执行 GULE_TO_VACUUM 子程序，切换吸盘并移动到后窗玻璃的位置，吸盘 Do_VacuumTool0 信号为 1，吸取后窗玻璃，随后移动到放置点，重置 Do_VacuumTool0，放置玻璃。最后执行 DRAW_VACUUM 程序将工具拆除。

```
PROC houchuang()
    MoveL hc_p3,v200,z100,Tooldata_Gluegun\WObj:=wobj0;
    MoveL hc_p10,v200,fine,Tooldata_Gluegun\WObj:=wobj0;
    Set Do_Gluegun0;
    MoveL hc_p11,v200,z100,Tooldata_Gluegun\WObj:=wobj0;
    MoveC hc_p12,hc_p13,v200,z100,Tooldata_Gluegun\WObj:=wobj0;
    MoveL hc_p14,v200,z100,Tooldata_Gluegun\WObj:=wobj0;
    MoveC hc_p15,hc_p16,v200,z100,Tooldata_Gluegun\WObj:=wobj0;
    MoveL hc_p17,v200,z100,Tooldata_Gluegun\WObj:=wobj0;
    MoveC hc_p18,hc_p19,v200,z100,Tooldata_Gluegun\WObj:=wobj0;
    MoveL hc_p20,v200,z100,Tooldata_Gluegun\WObj:=wobj0;
    MoveC hc_p21,hc_p10,v200,fine,Tooldata_Gluegun\WObj:=wobj0;
    Reset Do_Gluegun0;
    MoveL hc_p3,v200,fine,Tooldata_Gluegun\WObj:=wobj0;
    GULE_TO_VACUUM;
    MoveL hc_p2,v200,z100,Tooldata_VacuumTool\WObj:=wobj0;
    MoveL Offs(hc_p1,0,0,100),v200,z100,Tooldata_VacuumTool\WObj:=wobj0;
    MoveL hc_p1,v200,fine,Tooldata_VacuumTool\WObj:=wobj0;
    Set Do_VacuumTool0;
    WaitTime 0.5;
    MoveL Offs(hc_p1,0,0,100),v200,z100,Tooldata_VacuumTool\WObj:=wobj0;
    MoveJ hc_p4,v200,z100,Tooldata_VacuumTool\WObj:=wobj0;
    MoveJ hc_p5,v200,z100,Tooldata_VacuumTool\WObj:=wobj0;
```

```
MoveL hc_p6,v200,fine,Tooldata_VacuumTool\WObj:=wobj0;
Reset Do_VacuumTool0;
WaitTime 0.5;
MoveJ hc_p5,v200,z100,Tooldata_VacuumTool\WObj:=wobj0;
MoveJ hc_p4,v200,z100,Tooldata_VacuumTool\WObj:=wobj0;
DRAW_VACUUM;
ENDPROC
l0;
WaitTime 0.5;
MoveJ hc_p5,v200,z100,Tooldata_VacuumTool\WObj:=wobj0;
MoveJ hc_p4,v200,z100,Tooldata_VacuumTool\WObj:=wobj0;
DRAW_VACUUM;
ENDPROC
```

思考与练习

一、填空题

1. _____ 指令将数字输出信号 doLaser 置位为 1；_____ 指令将数字输出信号 doLaser 复位为 0。

2. _____ 指令等待 diLaserOK 的值为 1。如果 diLaserOK 为 1，则程序继续往下执行；如果达到最大等待时间 300s 以后，diLaserOK 的值还不为 1，则机器人报警或进入出错处理程序。

3. _____ 等待 doLaser 的值为 1。如果 doLaser 为 1，则程序继续往下执行，如果达到最大等待时间 300s 以后，doLaser 的值还不为 1，则机器人报警或进入出错处理程序。

4. 在进行正式的编程之前，需要构建起必要的编程环境，其中有三个必须的程序数据：_____、_____、_____，需要在编程前进行定义。

5. _____ 是工件相对于大地坐标系或其他坐标系的位置。工业机器人可以拥有若干 _____，或者表示不同工件，或者表示同一工件在不同位置的若干副本。

6. 工业机器人进行编程时就是在 _____ 中创建目标点和路径。

7. _____ 用于描述安装在机器人第六轴上的工具的 TCP、质量、重心等参数数据。

8. 对于进行搬运工作的工业机器人，必须正确设定夹具的质量、_____ 以及搬运对象的质量和 _____，其重心 tooldata 数据是基于工业机器人法兰盘中心 tool0 来设定。

9. 在对象的平面上，只需要定义 _____ 个点，就可以建立一个工件坐标系。

二、单选题

1. 下列哪种做法有助于提高机器人 TCP 的标定精度？（　　）

A. 固定参考点设置在机器人极限边界处

B. TCP 标定点之间的姿态比较接近

C. 减少 TCP 标定参考点的数量

D. 增加 TCP 标定参考点的数量

2. 标定工具坐标系时，若需要重新定义 TCP 及所有方向，应使用哪种方法？（　　）
   A. TCP（默认方向）方法　　　　　　B. TCP 和 Z 方法
   C. TCP 和 Z、X 方法　　　　　　　　D. TCP 和 X 方法
3. 工件坐标系中的用户框架是相对于（　　）创建的。
   A. 基坐标系　　　B. 工件坐标系　　　C. 工具坐标系　　　D. 大地坐标系
4. 通常机器人的 TCP 是指（　　）。
   A. 工具中心点　　　B. 法兰中心点　　　C. 工件中心点　　　D. 工作台中心点
5. 以下不属于 ABB 机器人 DSQC652 标准 I/O 板的接口是（　　）。
   A. 数字输入接口　　　　　　　　　　B. 数字输出接口
   C. DeviceNet 接口　　　　　　　　　D. 以太网接口
6. 使用 TCP（默认方向）方法计算得到的工具数据不改变默认工具坐标系方向，仅计算工具在（　　）方向的偏移值。
   A. X　　　　　B. Y　　　　　C. Z　　　　　D. 原点 O
7. 将 ABB 标准 I/O 板添加到 DeviceNet 总线上，需要在示教器"控制面板"的（　　）选项中设置。
   A. 监控　　　　B. ProgKeys　　　　C. I/O　　　　D. 配置
8. 对机器人进行编程时，是在（　　）中创建目标和路径。
   A. 大地坐标系　　　B. 基坐标系　　　C. 工件坐标系　　　D. 工具坐标系
9. 在工件所在的平面上只需要定义（　　）个点，就可以建立工件坐标系。
   A. 2　　　　　B. 3　　　　　C. 4　　　　　D. 5
10. Offs 偏移指令参考的坐标系是（　　）。
    A. 大地坐标系　　　　　　　　　　B. 当前使用的工具坐标系
    C. 当前使用的工件坐标系　　　　　D. 基坐标系
11. Reltool 偏移指令参考的坐标系是（　　）。
    A. 大地坐标系　　　　　　　　　　B. 当前使用的工具坐标系
    C. 当前使用的工件坐标系　　　　　D. 基坐标系
12. 机器人作业路径通常用（　　）坐标系相对于工件坐标系的运动来描述。
    A. 手爪　　　　B. 大地　　　　C. 运动　　　　D. 工具

项目四
啤酒箱搬运工作站

项目引入

项目引入

某企业采用串行六轴机器人完成啤酒箱的摆放工作（图4-1）。要求工业机器人在自动运行的模式下能实现将传送带[图4-1（a）]上的三个啤酒箱搬运至图4-1（b）所示转运货架对应的位置上。搬运对象使用长方体代替，夹具使用吸盘代替。请分析机器人的运行轨迹和工艺流程，对其进行轨迹编程与调试。通过离线编程仿真机器人实现自动搬运过程。

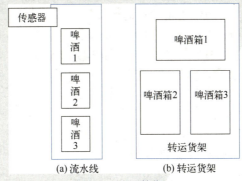

图4-1　啤酒箱搬运

项目目标

知识目标
1. 学会搬运工作站动画设置的方法；
2. 学会机器人常用 I/O 板及 I/O 信号的设置方法；
3. 学会使用 RobotStudio 软件在离线状态下进行目标点示教；
4. 学会搬运常用 I/O 的配置及搬运程序的编写。

能力目标
1. 能够创建和设置智能组件；
2. 能够正确连接 I/O 信号；
3. 能够正确创建搬运工作站的动画并仿真；
4. 能够使用离线轨迹程序和调试程序。

素质目标
1. 形成安全意识、规矩意识，形成"6S"素养；
2. 强化对啤酒箱等物料搬运过程编程中动作的规范性意识；
3. 培养自主分析问题、解决问题的能力和创新思维。

 知识链接

在 RobotStudio 中创建搬运工作站，夹具的动态效果是最重要的部分。搬运工作站使用海绵式真空吸盘来进行产品的拾取和释放，基于此吸盘来创建一个具有 Smart 组件特性的夹具。

Smart 组件是 RobotStudio 对象（以 3D 图像或不以 3D 图像表示），该组件动作可以由代码或 / 和其他 Smart 组件控制。Smart 组件编辑器使用智能组件编辑器，可以在图形用户界面创建、编辑和组合 Smart 组件，是 xml 编译器的替代方式。Smart 组件编辑器包括图标和名称以及对组件的描述（可以在文本框或组合框中输入文字编辑描述）。在组合框中可以选择编辑一些部件所需的语言（如标题和描述），但默认的语言始终为英语，即使应用程序使用其他语言。

一、基础 Smart 组件

1. 逻辑门信号 LogicGate

Output 信号由 InputA 和 InputB 这两个信号的 Operator 中指定的逻辑运算设置，延迟在 Delay 中指定，使用的逻辑运算的运算符如下。

与 AND：两个输入的信号都为真，输出才为真。

或 OR：两个输入的信号一个为真，输出就为真。

异或 XOR：两个输入的信号不同，输出就为真。

非 NOT：输入 1，输出 0；输入 0，输出 1。

延迟 NOP：输入是什么，输出就是什么，可以设置间隔的时间。

2. 置位复位锁定 LogicSRLatch

LogicSRLatch 有一种稳定状态。

当 Set=1，Output=0 且 InvOutput=1。

当 Reset=1，Output=0 且 InvOutput=1。置位复位锁定的属性含义见表 4-1。

表 4-1 置位复位锁定的属性含义

属性	描述
Set	设置输出信号
Reset	复位输出信号
Output	指定输出信号
InvOutput	指定反转输出信号

3. 线传感器 LineSensor

线性传感器根据 Start、End 和 Radius 定义一条线段。当 Active 信号为 High 时，传感器将检测与该线段相交的对象。相交的对象显示在 ClosestPart 属性中，距线传感器起点最近的相交点显示在 ClosestPoint 属性中。出现相交时，会设置 SensorOut 输出信号。线传感器的属性含义见表 4-2。

4. 安装对象 Attacher

设置 Execute 信号时，Attacher 将 Child 安装到 Parent 上。如果 Parent 为机械装置，还必须指定要安装的 Flange。设置 Execute 输入信号时，子对象将安装到父对象上。如果选中 Mount，还会使用指定的 Offset 和 Orientation 将子对象装配到父对象上。完成时，将设置 Executed 输出信号。

表 4-2　线性传感器的属性含义

属性	描述
Start	指定起始点
End	指定结束点
Radius	指定半径
SensedPart	指定与 LineSensor 相交的部件。如果有多个部件相交，则列出距起始点最近的部件

5. 拆除对象 Detacher

设置 Execute 信号时，Detacher 会将 Child 从其所安装的父对象上拆除。如果选中了 Keep Position，位置将保持不变。否则，相对于其父对象放置子对象的位置。完成时，将设置 Executed 信号。

6. 队列 Queue

用于表示 FIFO（first in，first out）队列。当信号 Enqueue 被设置时，在 Back 中的对象将被添加到队列。队列前端对象将显示在 Front 中。当设置 Dequeue 信号时，Front 对象将从队列中移除。如果队列中有多个对象，下一个对象将显示在前端。当设置 Clear 信号时，队列中所有对象将被删除。如果 Transformer 组件以 Queue 组件作为对象，该组件将转换 Queue 组件中的内容而非 Queue 组件本身。

二、工作站逻辑

工作站逻辑和 Smart 组件有类似的功能，可以进行工作站层级的操作。与 Smart 组件编辑器类似，工作站逻辑编辑器包含组成、属性与连接、信号和连接、设计选项卡。

可以使用以下两种方式打开工作站逻辑：

第一种方法是在"Simulation（仿真）"选项卡中，单击"Reset（重设）"并选择"Manage States（管理状态）"选项。

第二种方法是在"Layout（布局）"浏览器上，使用鼠标右键单击工作站，并选择"Station Logic（工作站逻辑）"选项。

表 4-3 列出了工作站逻辑和 Smart 组件的不同之处。

表 4-3　工作站逻辑和 Smart 组件的区别

Smart 组件	工作站逻辑
编辑器窗口中有显示组件描述信息的文本框，使用该文本框可以编辑文本	编辑器中没有可以编辑文本的文本框
"Compose（组成）"选项卡包含以下选项： 子组件、保存状态、资源	"Compose（组成）"选项卡包含以下选项： 子组件、保存状态
"Properties and Bindings（属性与连接）"选项卡包含以下选项： 动态属性、属性连接	"Properties and Bindings（属性与连接）"选项卡包含以下选项： 属性连接
在"Signals and Connections（信号和连接）"选项卡中，当使用"Add（添加）"或"Edit I/O Connections（编辑 I/O 连接）"功能时，"Source Object（源对象）"和"Target Object（目标对象）"列表中，没有给出选择工作站中的 VC 的选项	可以选择连接到在 VC 中的 I/O 信号。 在"Signals and Connections（信号和连接）"选项卡中，当使用"Add（添加）"或"Edit I/O Connections（编辑 I/O 连接）"功能时，"Source Object（源对象）"和"Target Object（目标对象）"列表中，给出了选择工作站中的 VC 的选项

项目实施

任务一 动画设置和 I/O 信号关联

任务描述

完成啤酒箱搬运工作站的 Smart 组件设置、I/O 信号创建和关联。主要包括在 Smart 组件里面的"组成"选项卡中完成工作站所需组件的添加;在"属性与连接"选项卡中添加信号的连接;在"信号和连接"选项卡中添加 I/O 信号,并对 I/O 信号添加连接。在"工作站逻辑"的"信号和连接"选项卡中添加 I/O 信号的连接。Smart 组件的选项卡如图 4-2 所示。

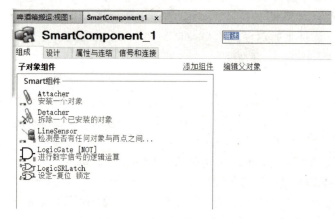

图 4-2 Smart 组件的选项卡

任务分析

在创建 Smart 组件的信号和进行信号关联后,首先要确认机器人 Systerm 中是否配置了相关的机器人 I/O 板和 I/O 信号。如果没有,则无法在"工作站逻辑"中对 Smart 组件和机器人 Systerm 的 I/O 信号进行关联。那么需要新建机器人 I/O 板和 I/O 信号。

新建机器人信号板和 I/O 信号的步骤如下。

1. 新建机器人 I/O 板

在"控制器"功能选项卡中选择"配置编辑器"中的"I/O Systerm",在"DeviceNet Device"上使用鼠标右键单击,选择"新建 DeviceNet Device"。根据图 4-3 中的值进行设定,然后单击"确定"按钮。单击"重启"按钮,选择"热启动"选项,使刚才的设定生效。

2. 新建 I/O 信号

在"Signal"上使用鼠标右键单击,选择"新建 Signal"选项。根据图 4-4 中的值进行设定,然后单击"确定"按钮。单击"重启"按钮,选择"热启动"选项,使刚才的设定生效。

项目四　啤酒箱搬运工作站

图 4-3　机器人 I/O 板选项

图 4-4　新建 I/O 信号

任务实施

1. 实施要求

① 配置系统输入和输出信号。

② 配置 Smart 组件，包括 Attacher、Detacher、LineSensor、LogicGate、Logic SRLatch。

③ 建立 I/O 信号连接。
④ 建立工作站逻辑的信号连接。

2. 设备器材

表 4-4 所示为完成任务所需要的设备及工具。

表 4-4 实践设备及工具列表

名称	规格型号	数量	备注
计算机	内存 8GB 以上	1 台	
软件	RobotStudio 6.08	1 个	
啤酒箱搬运工作站打包文件	Rspag 文件	1 个	

3. 实施内容及操作步骤

表 4-5 所示为完成任务所需要的实施内容及操作步骤。

表 4-5 实施内容及操作步骤

步骤	截图	操作步骤说明
一		单击"建模"功能选项卡,单击"Smart 组件"按钮,进行动画设置
二		将 Smart 组件安装好,添加 Attacher、Detacher、LineSensor、LogicGate、LogicSRLatch 五个组件,并将 Attacher 中的 Parent 改为 tGripper 工具,把 LogicGate 逻辑门改为 NOT 非门

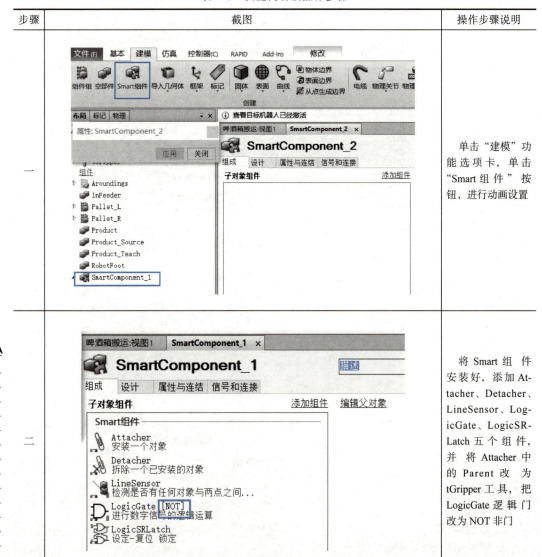

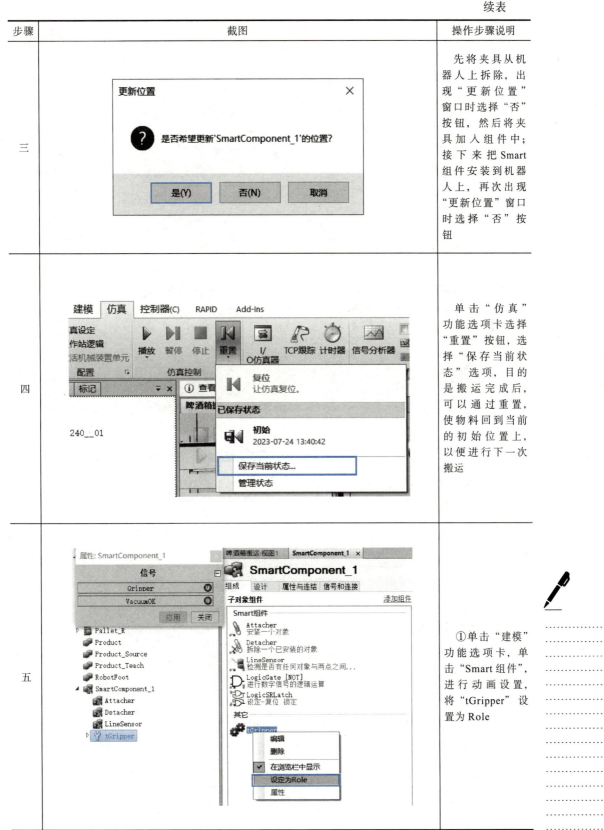

续表

步骤	截图	操作步骤说明
五	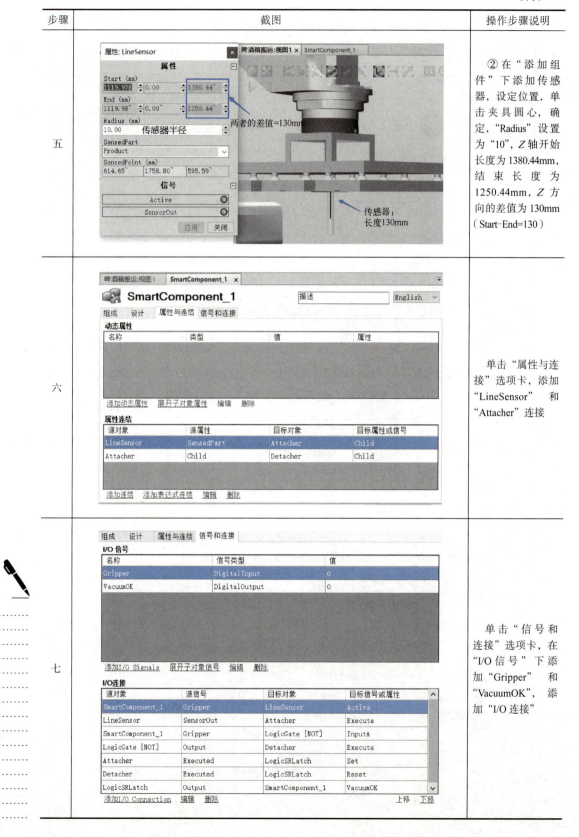	② 在"添加组件"下添加传感器,设定位置,单击夹具圆心,确定,"Radius"设置为"10",Z 轴开始长度为1380.44mm,结束长度为1250.44mm,Z 方向的差值为130mm(Start-End=130)
六		单击"属性与连接"选项卡,添加"LineSensor"和"Attacher"连接
七		单击"信号和连接"选项卡,在"I/O信号"下添加"Gripper"和"VacuumOK",添加"I/O连接"

094

续表

步骤	截图	操作步骤说明
八		单击"仿真"功能选项卡,进入"工作站逻辑",然后选择"信号和连接"
九		单击"添加 I/O Connection"添加"System24"和"SmartComponent_1"两个输入和输出信号连接

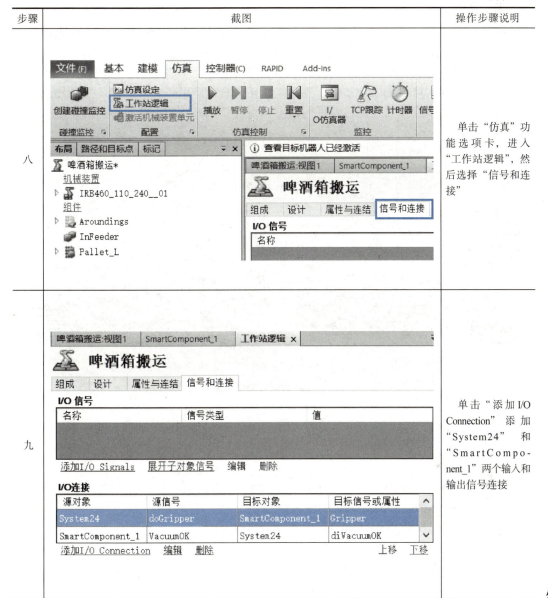

任务二　啤酒箱搬运动画仿真验证

任务描述

完成啤酒箱搬运工作站的 Smart 组件设置、I/O 信号创建和关联后,需要对动画进行仿真验证,确认吸盘夹具是否能够正常吸住和释放啤酒箱。本任务要求通过对 Smart 组件系统中的输入信号的设置控制吸盘实现搬运动作。

任务分析

按照任务要求，首先在"仿真"功能选项卡选择"I/O"仿真器，将系统选择为"Smart-Component_1"，然后将机器人移动到啤酒箱上，使夹具紧贴啤酒箱，然后在 Smart 组件系统中将夹具输入信号置为 1，再移动机器人，观察机器人夹具吸取啤酒箱并移动。当夹具输入信号复位为 0 时，机器人移动并释放啤酒箱，啤酒箱不再跟随夹具移动，而是停留在原位置上。这样即可判断动画设置正确并完成。吸盘拾取和释放啤酒箱如图 4-5 所示。

动画仿真验证

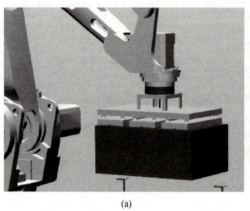
(a)

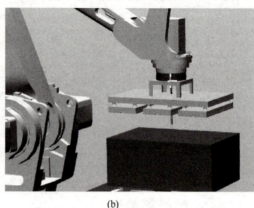
(b)

图 4-5　吸盘的拾取和释放啤酒箱

任务实施

1. 实施要求

① 完成 I/O 仿真设置。
② 仿真 SmartComponent 系统的输入信号。
③ 观察 SmartCompoment 系统的输出反馈信号。
④ 模拟吸盘的拾取和释放动作。

2. 设备器材

表 4-6 所示为完成任务所需要的设备及工具。

表 4-6　实践设备及工具列表

名称	规格型号	数量	备注
计算机	内存 8GB 以上	1 台	
软件	RobotStudio 6.08	1 个	
啤酒箱搬运工作站打包文件	Rspag 文件	1 个	

3. 实施内容及操作步骤

表 4-7 所示为完成任务所需要的实施内容及操作步骤。

项目四 啤酒箱搬运工作站

表 4-7 实施内容及操作步骤

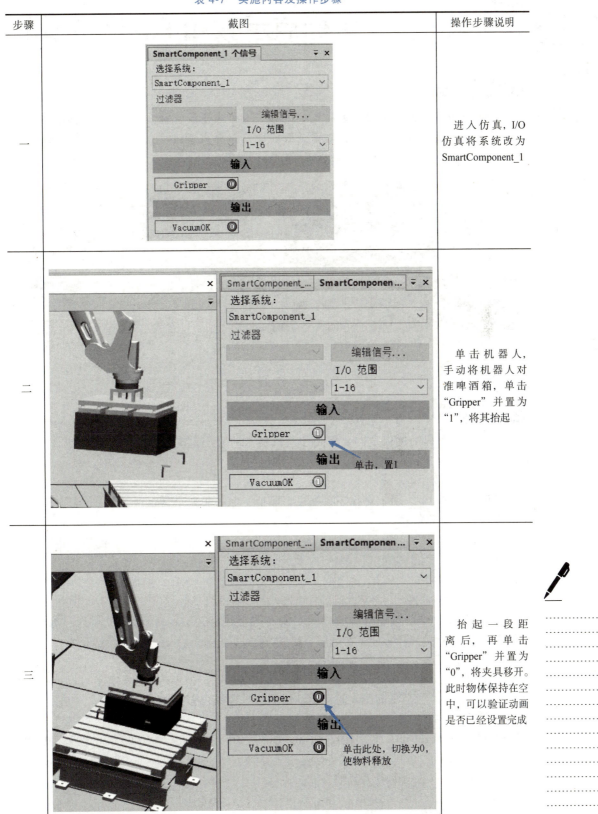

示教 +RAPID
编程 + 仿真

任务三 目标点示教和 RAPID 编程

任务描述

本任务要求将 3 个啤酒箱搬运到如图 4-6 所示的托盘位置上。要求每搬运一个物体都要回到安全点。每个拾取点和放置点都要设置偏移点和进入点，以免机器人与啤酒箱发生碰撞。编写完程序后进行仿真验证。

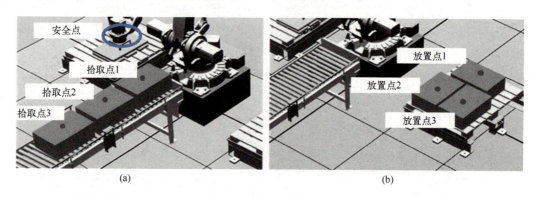

图 4-6 搬运的示教点

任务分析

本任务在编程的过程中需要用到控制机器人的常用基本指令，包括赋值指令、运动指令等。

1. 赋值指令：=

赋值指令 ":=" 用于对程序数据进行赋值。赋值可以是常量或数学表达式。

例如，常量赋值：

reg1：=3；

数学表达式赋值：

reg2：=reg1+8；

2. 常用运动指令

ABB 机器人在空间中的运动方式主要有关节运动（MoveJ）、线性运动（MoveL）、圆弧运动（MoveC）和绝对位置运动（MoveAbsJ）四种。

（1）绝对位置运动指令 MoveAbsJ

绝对位置运动指令在机器人运动时使用六个轴和外轴的角度值来定义目标点位置数据。MoveAbsJ 常用于使机器人的六个轴回到机械原点位置。

相应指令格式：

PERS jointarget jpos10：=[[0，0，0，0，0，0]，[9E+09，9E+09，9E+09，9E+09，9E+09，9E+09]]；

// 关节目标点数据中各关节轴为 0°。

MoveAbsJ jpos10, v1000, z50, tool1\WObj：=wobj1；

// 机器人运行至各关节轴 0°的位置。

该指令使机器人以单轴运行的方式运动至目标点,绝对不存在死点,运动状态完全不可控,应避免在正常生产中使用此指令,其常用于检查机器人零点位置,指令中TCP与WObj只与运行速度有关,与运动位置无关。

(2)关节运动指令 MoveJ

关节运动指令在对路径精度要求不高的情况下,使机器人的工具中心点(TCP)从一个位置移动到另一个位置,两个位置之间的路径不一定是直线。

相应指令格式:

MoveJ p20,v1000,z50,tool1 \WObj:=wobj1;

关节移动路径如图4-7所示,机器人TCP从当前位置p10处运动至p20处,运动轨迹不一定为直线。关节运动指令适合机器人大范围运动时使用,不容易在运动过程中出现关节轴进入机械死点的问题;目标点位置数据定义机器人TCP的运动目标点,可以在示教器中单击"修改位置"进行修改。

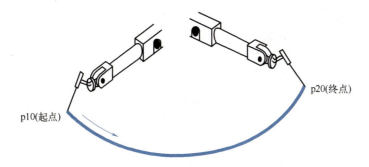

图4-7 关节移动路径

(3)线性运动指令 MoveL

线性运动指令使机器人TCP从起点到终点之间的路径始终保持直线。该指令适用于对路径精度要求较高的场合,如切割、涂胶等。

相应指令格式:

MoveL p20,v1000,z50,tool1\WObj:=wobj1;

线性运动如图4-8所示,机器人TCP从当前位置p10处运动至p20处,运动轨迹为直线。

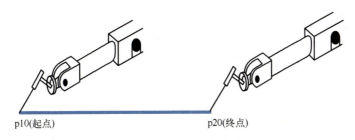

图4-8 线性运动

(4)圆弧运动指令 MoveC

圆弧运动指令在机器人可到达的空间范围内定义了三个位置点:第一个点是圆弧的起点;第二个点用于控制圆弧的曲率;第三个点是圆弧的终点。

相应指令格式：

MoveC p20，p30，v1000，z50，tool1\WObj：=wobj1；

圆弧运动如图 4-9 所示，机器人当前位置 p10 作为圆弧的起点，p20 是圆弧上的一点，p30 作为圆弧的终点。

圆弧运动指令在做圆弧运动时一般不超过 240°，所以一个完整的圆运动通常使用两条圆弧运动指令来完成。

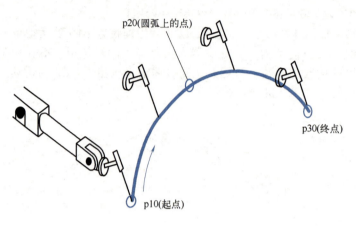

图 4-9　圆弧运动

任务实施

1. 实施要求

① 分析啤酒箱搬运的轨迹图，确定机器人的运行轨迹。

② 根据确定的轨迹方案，完成示教目标点、调节机器人姿态、设置轴参数、使能/复位机器人工具等操作，生成机器人运行轨迹及匹配的工具动作，操作过程要符合国家和行业标准。

③ 在创建的编程环境中对轨迹进行仿真，查看机器人运行轨迹并生成后置代码。

2. 设备器材

表 4-8 所示为完成任务所需要的设备及工具。

表 4-8　实践设备及工具列表

名称	规格型号	数量	备注
计算机	内存 8GB 以上	1 台	
软件	RobotStudio 6.08	1 个	
啤酒箱搬运工作站打包文件	Rspag 文件	1 个	

3. 实施内容及操作步骤

表 4-9 所示为完成任务所需要的实施内容及操作步骤。

项目四　啤酒箱搬运工作站

表 4-9　实施内容及操作步骤

步骤	截图	操作步骤说明
一	 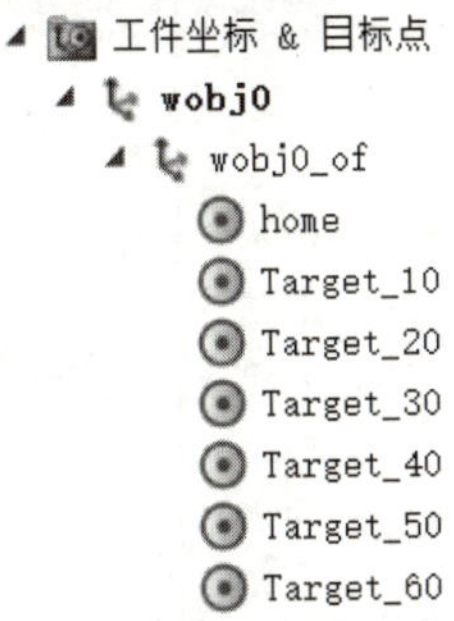	①第一个啤酒箱上方为第一个拾取点，在其上方单击示教指令 ②第二个啤酒箱上方为第二个拾取点，在其上方单击示教指令 ③第三个啤酒箱上方为第三个拾取点，在其上方单击示教指令
二	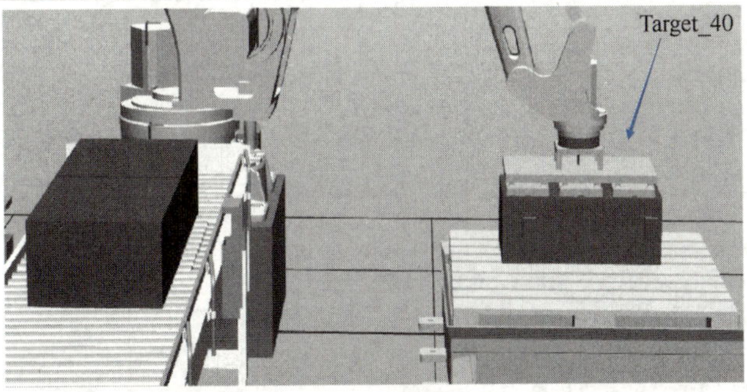	机器人拾取第一个啤酒箱放置在图中位置，即为第一个放置点，在其上方单击示教目标点，即 Target_40 ①机器人拾取第二个啤酒箱放置在图中位置，即为第二个放置点，在其上方单击示教目标点，即 Target_50

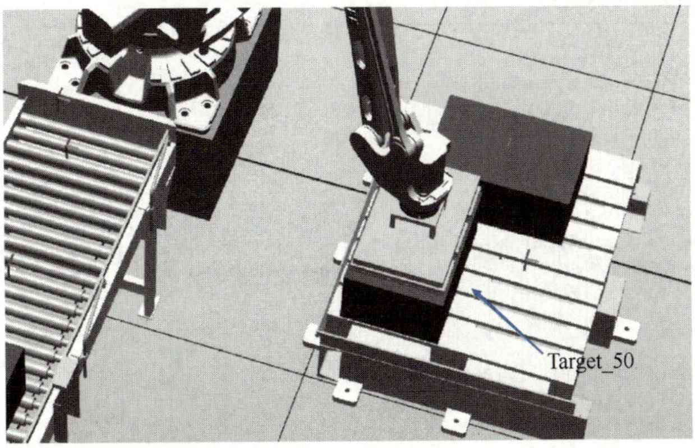

续表

步骤	截图	操作步骤说明
二	(图：机器人将啤酒箱放置，显示 Target_60)	②机器人拾取第三个啤酒箱放置在图中位置，即为第三个放置点，在其上方单击示教目标点，即 Target_60
| 三 | ```
PROC Path_10()
    MoveL home,v1000,fine,tGripper\WObj:=wobj0;
    MoveL Offs(Target_10,0,0,150),v1000,fine,tGripper\WObj:=wobj0;
    MoveL Target_10,v1000,fine,tGripper\WObj:=wobj0;
    Set doGripper;
    WaitTime 1;
    MoveL Offs(Target_10,0,0,150),v1000,fine,tGripper\WObj:=wobj0;
    MoveL home,v1000,fine,tGripper\WObj:=wobj0;
    MoveL Offs(Target_40,0,0,150),v1000,fine,tGripper\WObj:=wobj0;
    MoveL Target_40,v1000,fine,tGripper\WObj:=wobj0;
    Reset doGripper;
    WaitTime 1;
    MoveL Offs(Target_40,0,0,150),v1000,fine,tGripper\WObj:=wobj0;
    MoveL home,v1000,fine,tGripper\WObj:=wobj0;
ENDPROC
``` | 将 Path_10 进行修改，注意 WaitTime 1 和 Set 及 Reset 的设定，以及偏移 Offs 点的坐标 |
| 四 | ```
PROC Path_20()
    MoveL home,v1000,fine,tGripper\WObj:=wobj0;
    MoveL Offs(Target_20,0,0,150),v1000,fine,tGripper\WObj:=wobj0;
    MoveL Target_20,v1000,fine,tGripper\WObj:=wobj0;
    Set doGripper;
    WaitTime 1;
    MoveL Offs(Target_20,0,0,150),v1000,fine,tGripper\WObj:=wobj0;
    MoveL home,v1000,fine,tGripper\WObj:=wobj0;
    MoveL Offs(Target_50,0,0,150),v1000,fine,tGripper\WObj:=wobj0;
    MoveL Target_50,v1000,fine,tGripper\WObj:=wobj0;
    Reset doGripper;
    WaitTime 1;
    MoveL Offs(Target_50,0,0,150),v1000,fine,tGripper\WObj:=wobj0;
    MoveL home,v1000,fine,tGripper\WObj:=wobj0;
ENDPROC
``` | 将 Path_10 复制到下面，将 Target_10 改为 Target_20，Target_40 改为 Target_50，Path_10 改为 Path_20 |
| 五 | ```
PROC Path_30()
    MoveL home,v1000,fine,tGripper\WObj:=wobj0;
    MoveL Offs(Target_30,0,0,150),v1000,fine,tGripper\WObj:=wobj0;
    MoveL Target_30,v1000,fine,tGripper\WObj:=wobj0;
    Set doGripper;
    WaitTime 1;
    MoveL Offs(Target_30,0,0,150),v1000,fine,tGripper\WObj:=wobj0;
    MoveL home,v1000,fine,tGripper\WObj:=wobj0;
    MoveL Offs(Target_60,0,0,150),v1000,fine,tGripper\WObj:=wobj0;
    MoveL Target_60,v1000,fine,tGripper\WObj:=wobj0;
    Reset doGripper;
    WaitTime 1;
    MoveL Offs(Target_60,0,0,150),v1000,fine,tGripper\WObj:=wobj0;
    MoveL home,v1000,fine,tGripper\WObj:=wobj0;
ENDPROC
``` | 继续进行复制粘贴，将 Target_20 改为 Target_30，Target_50 改为 Target_60，Path_20 改为 Path_30 |
```

续表

步骤	截图	操作步骤说明
六	PROC main1() 　　Path_10; 　　Path_20; 　　Path_30; ENDPROC	在 Path_10 的上方设置一个 main1，将 Path_10、Path_20、Path_30 添加进去，然后同步到工作站，并将 main1 设置为仿真进入点以进行播放
七		如果无误，有需要时可以单击"播放"按钮进行机器人操作

项目总结

本项目是用离线编程方法完成啤酒箱搬运工作站的仿真,编程的关键点如下。

1. 目标点的示教

在任务工作站中,需要示教的目标点有 7 个,分别是安全点 home、放置点 P1、放置点 P2、放置点 P3、拾取点 P4、拾取点 P5、拾取点 P6。在进行编程以前,先完成这 7 个点的示教。如果采取一维数组法编程,则需要创建两个一维数组。拾取点和放置点各创建一个一维数组。另外,还需要增加一个临时放置点和临时拾取点,这两个点不需要示教。

2. 奇异点管理

当机器人的关节轴 4 和关节轴 6 的角度相同而关节轴 5 的角度为 0° 时,机器人处于奇异点。

当在设计夹具及工作站布局时,应尽量避免机器人运行轨迹进入奇异点。在编程时,可以使用 SingArea 这条指令让机器人自动规划当前轨迹经过奇异点时的插补方式。

例如:

SingArea\Wrist;   // 允许轻微改变工具的姿态,以便通过奇异点
SingArea\Off;   // 关闭自动插补

3. 两种程序对比

第一种编程方法是为每一个啤酒箱创建一个子程序,然后在 main 主程序里面分别调用这三个子程序。

```
PROC main( )
    Pick1;          // 搬运第一个啤酒箱
    Pick2;          // 搬运第二个啤酒箱
    Pick3;          // 搬运第三个啤酒箱
ENDPROC
  PROC Pick1( )     搬运第一个啤酒箱
    MoveAbsJ Home\NoEOffs,v2000,fine,tool0;    // 移动到安全点
    MoveJ Offs(p10,0,0,200),v2000,fine,tool0;
                                               // 到第一个拾取点上方
    MoveL p10,v2000,fine,tool0;                // 到第一个拾取点
    Set doGripper;                             // 开吸盘
    WaitTime 1;                                // 等待 1s
    MoveJ Offs(p10,0,0,200),v2000,fine,tool0;
                                               // 回到第一个拾取点上方
    MoveAbsJ Home\NoEOffs,v2000,fine,tool0;    // 移动到安全点
    MoveJ Offs(p20,0,0,200),v2000,fine,tool0;
                                               // 到第一个放置点上方
    MoveL p20,v2000,fine,tool0;                // 到第一个放置点
    Reset doGripper;                           // 关吸盘
    WaitTime 1;                                // 等待 1s
```

```
            MoveJ Offs(p20,0,0,200),v2000,fine,tool0;
                                                        // 回到第一个放置点上方
            MoveAbsJ Home\NoEOffs,v2000,fine,tool0;     // 回到安全点
    ENDPROC
    PROC Pick2( )      搬运第二个啤酒箱
        MoveAbsJ Home\NoEOffs,v2000,fine,tool0;
        MoveJ Offs(p30,0,0,200),v2000,fine,tool0;
        MoveL p30,v2000,fine,tool0;
        Set doGripper;
        WaitTime 1;
        MoveJ Offs(p30,0,0,200),v2000,fine,tool0;
        MoveAbsJ Home\NoEOffs,v2000,fine,tool0;
        MoveJ Offs(p40,0,0,200),v2000,fine,tool0;
        MoveL p40,v2000,fine,tool0;
        Reset doGripper;
        WaitTime 1;
        MoveJ Offs(p40,0,0,200),v2000,fine,tool0;
        MoveAbsJ Home\NoEOffs,v2000,fine,tool0;
    ENDPROC
    PROC Pick3( )   // 搬运第三个啤酒箱
        MoveAbsJ Home\NoEOffs,v2000,fine,tool0;
        MoveJ Offs(p50,0,0,200),v2000,fine,tool0;
        MoveL p50,v2000,fine,tool0;
        Set doGripper;
        WaitTime 1;
        MoveJ Offs(p50,0,0,200),v2000,fine,tool0;
        MoveAbsJ Home\NoEOffs,v2000,fine,tool0;
        MoveJ Offs(p60,0,0,200),v2000,fine,tool0;
        MoveL p60,v2000,fine,tool0;
        Reset doGripper;
        WaitTime 1;
        MoveJ Offs(p60,0,0,200),v2000,fine,tool0;
        MoveAbsJ Home\NoEOffs,v2000,fine,tool0;
            ENDPROC
```

第二种编程方法是创建一个搬运子程序，然后在 main 主程序里面通过不同的赋值，调用三次子程序。

```
PROC mian( )
    MoveJ home,v1000,fine,tGripper\WObj:=wobj0;
    pick:=p_pick{1};        // 拾取点被赋值为第一个拾取点
    place:=p_place{1};      // 放置点被赋值为第一个放置点
    pick1;                  // 调用搬运子程序
    pick:=p_pick{2};        // 拾取点被赋值为第二个拾取点
    place:=p_place{2};      // 放置点被赋值为第二个放置点
    pick1;                  // 调用搬运子程序
    pick:=p_pick{3};        // 拾取点被赋值为第三个拾取点
    place:=p_place{3};      // 放置点被赋值为第三个放置点
    pick1;                  // 调用搬运子程序
ENDPROC

  PROC Pick1( )     搬运子程序
   MoveL Offs(pick,0,0,200),v1000,fine,tGripper\WObj:=wobj0;
 MoveJ pick,v1000,fine,tGripper\WObj:=wobj0;
 Set doGripper;
 WaitTime 1;
 MoveL Offs(pick,0,0,200),v1000,fine,tGripper\WObj:=wobj0;
 MoveJ home,v1000,fine,tGripper\WObj:=wobj0;
 Movej Offs(place,0,0,200),v1000,fine,tGripper\WObj:=wobj0;
 MoveJ place,v1000,fine,tGripper\WObj:=wobj0;
 Reset doGripper;
 WaitTime 1;
 Movej Offs(place,0,0,200),v1000,fine,tGripper\WObj:=wobj0;
   MoveJ home,v1000,fine,tGripper\WObj:=wobj0;
```

 项目评价

具体评价方法见表 4-10。

表 4-10 项目考核评价表

项目内容	评分标准	配分	扣分	得分
Smart 组件	①少动作，每个扣 2 分；创建不准确，酌情给分 ②传感器设置错误，每处扣 3 分 ③ Smart 组件不能正确安装到机器人上，扣 2 分 ④信号连接不完整，扣 3 分	15		
工作站逻辑	每少创建一个信号连接点扣 5 分，扣完为止	15		
动画仿真验证	①不能拾取工件，扣 5 分 ②不能释放工件，扣 5 分 ③反馈信号不成功或错误，扣 5 分	15		
机器人运行轨迹分析	①不能根据工件尺寸合理安排机器人的运行轨迹，扣 4 分 ②工具的姿态分析不合理，每处扣 2 分	15		
搬运的离线编程操作	①演示过程中检测到碰撞，扣 10 分 / 次 ②运行轨迹不按工艺要求，每处扣 5 分 ③缺少必需的安全过渡点，每处扣 5 分 ④缺少 I/O 控制功能，每处扣 1 分 ⑤未按轨迹规划的指定方向、指定起点运行，扣 5 分 ⑥设置点偏差超过 2mm，每个点扣 2 分 ⑦未完成机器人工作环境的创建，缺少一项扣 2 分 ⑧未完成机器人搬运轨迹的设计和优化，扣 5 分	20		
功能演示	①没有信号指示或指示错误的，每处扣 2 分 ②演示功能错误或缺失，按比例扣分；无任何正确的功能现象，本项为 0 分	20		
备注	各项目的最高扣分不应超过配分数			
开始时间		结束时间		实际时间

项目扩展

1. 扩展要求

完成工业机器人零件码垛工作站的编程与仿真,进一步熟练掌握例行程序的创建和编写、程序的调研、轨迹的优化、I/O 信号的设置。

2. 扩展内容

工业机器人零件码垛工作站由单吸盘夹具、码垛托盘、储料板、零件、工作台组成,用来实现机器人的搬运和码垛作业,如图 4-10 所示。储料板上有 36 个凹槽,对应放置 36 个零件,零件形状分为正方形和长方形,正方形零件有 12 个,长方形零件有 24 个。机器人将零件从储料板取出,再将其搬运至码垛托盘中,码垛托盘中有凹槽,第一层的零件需要放入凹槽中。零件码垛模块实现两种工件的码垛:一种是正方形零件的码垛;另一种是长方形零件的码垛。正方形零件码垛的层数为 3,长方形零件码垛的层数为 6。零件码垛单元整体布局如图 4-11 所示。请分析机器人的运行轨迹和操作流程,进行轨迹程序的编程与调试,通过离线仿真完成机器人的功能演示。

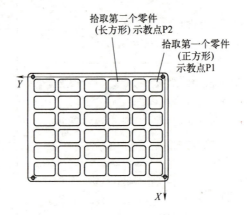

图 4-10　工业机器人零件拾取位置

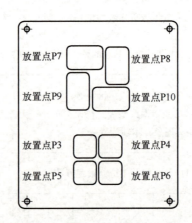

图 4-11　工业机器人零件放置位置

3. 扩展思考

在根据机器人运行轨迹编写机器人程序时，首先需要根据控制要求绘制机器人程序流程图，然后编写机器人主程序和子程序。编写子程序前，要先设计好机器人的运行轨迹，并定义好机器人的程序点。请结合训练情况，谈谈你的想法。

4.RAPID 参考程序

```
PROC main()
initial;!程序初始化
set do3;!正方形码垛信号
zhengfangxing;
Reset do3;
Set do4;!长方形码垛信号
changfangxing;
Reset do4;
ENDPROC
PROC initial()!初始化程序
MoveJ home,v150, z5, danxipan_t;!回原点
Reset do2;!复位信号
Reset do3;!复位信号
Reset do4;!复位信号
ENDPROC
PROC test1()!搬运一个零件进行测试
MoveJ home,v150,z5, danxipan_t;!回原点
MoveL p1,v150,z5, danxipan_t;!第一个零件位置
set do2;!打开吸盘
xmby _pl_1 :=Offs(xmby_p1,0,0,20);!吸盘往上偏移 20mm
MoveL pl_1,v20, fine, danxipan_t;
MoveL p3, v20, fine, danxipan_t;
xmby _p3_1 :=Offs(xmby_p2,0,0,-22);!吸盘往下偏移 20mm
Reset do2; !关闭吸盘
MoveL limd_p3, v20, fine, danxipan_t;
ENDPROC
PROC zhengfangxing()!正方形
MoveJ home,v150, z5, danxipan_t;!回原点
MoveL p1,v150,z5, danxipan_t;!第 1 个零件位置 pl_1 := pl;
FOR reg1 FROM 1 TO 12 DO
pl_1 := Offs(1jmd_pl,((v_regl-1) Mod 6)*40,((V_reg1-1)Div6)*40,30);
MoveL pl_1,v20, fine, danxipan_t1WObj:= wobjl;
Set do2;
pl_1 := Offs(p1_1,0,0,30);!吸盘往上偏移 30mm
MoveL pl_1, v20, fine, danxipan_t\WObj:= wobj1;
IF (V_regl Mod 4)=1 THEN !正方形位置 1
MoveL p3, v20, fine, danxipan_t;
p3_1 :=Offs(p3,0,0,-20+(V_reg1 Div 4)* 12);!吸盘往下偏移 20mm,换行后高度的增加等于零件的厚度
```

```
MoveL p3_1, v20, fine, danxipan_t;
Reset do2; !关闭吸盘
MoveL p3, v20, fine, danxipan_t;
ENDIF
IF(V_reg1 Mod4)=2 THEN!正方形位置 2
MoveL p4, v20, fine, danxipan _t;
p4_1 := Offs(p4,0,0,-20+(V_reg1 Div 4)* 12);!吸盘往下偏移 20mm
MoveL p4_1,v20, fine, danxipan _t;
Reset do2; !关闭吸盘
MoveL p4, v20, fine, danxipan_t;
ENDIF
IF(V_reg1 Mod4)=3 THEN!正方形位置 3
MoveL p5, v20, fine, danxipan_t;
p5_1 :=Offs(p4,0,0,-20+(V_reg1 Div 4)*12);!吸盘往下偏移 20mm
MoveL p5_1, v20, fine, danxipan _t;
Reset do2; !关闭吸盘
MoveL p5,v20, fine, danxipan_t;
ENDIF
IF (V_reg1 Mod4)=0 THEN !正方形位置 4
MoveL p6, v20, fine, danxipan_t;
ljmd p6_1 :=Offs(p6,0,0,-20+(V_reg1 Div 4)*12);!吸盘往下偏移 20mm
MoveL p6_1, v20, fine, danxipan _t;
Reset do2; !关闭吸盘
MoveL p6, v20, fine, danxipan_t;
ENDIF
ENDFOR
ENDPROC
PROC changfangxing()!长方形
MoveJ home,v150,z5, danxipan_t;!回原点
MoveL p2,v150,z5, danxipan_t,!第 2 个零件位置 p2_1 :=ljmd _p2;
FOR reg1 FROM 1 TO 24 DO
ljmd p2_1 := Offs(ljmd p2,((V_reg1-1) Mod6)* 40,((V_reg1-1) Div6)
40,30);
MoveL p2_1, v20, fine, danxipan_tlWObj:= wobj1;
Set do2;
p2_1 :=Offs(ljmd p2_1,0,0,30); !吸盘往上偏移 30mm
MoveL p2_1, v20, fine, danxipan_tlWObj:= wobj1;
IF (V_reg1 Mod 4)=1 THEN !长方形位置 1
MoveL p7,v20, fine, danxipan_t;
ljmd _p7_1 :=Offs(p7,0,0,-20+(V_reg1 Div 4)* 12);!吸盘往下偏移 20mm,换行后
```

高度增加零件的厚度
```
        MoveL p8_1, v20, fine, danxipan_t;
        Reset do2;！关闭吸盘
        MoveL p8, v20, fine, danxipan _t;
        ENDIF
        IF (V_reg1 Mod 4)=2 THEN！长方形位置 2
        MoveL p8, v20, fine, danxipan_t;
        p8_1 := Offs(p8,0,0, -20+(V_reg1 Div 4) * 12);
        ！吸盘往下偏移 20mm
        MoveL p8_1, v20, fine, danxipan_t;
        Reset do2;！关闭吸盘
        MoveL p8, v20, fine, danxipan_t;
        ENDIF
        IF (V_reg1 Mod4)=3 THEN！长方形位置 3
        MoveL p9, v20, fine, danxipan_t;
        ljmd _p9_1 := Offs(p9,0,0,-20+(V_reg1 Div 4)* 12);！吸盘往下偏移 20mm
        MoveL p9_1, v20, fine, danxipan_t;
        Reset do2;！关闭吸盘
        MoveL p9, v20, fine, danxipan_t;
        ENDIF
        IF(V_reg1 Mod4)=0 THEN！长方形位置 4
        MoveL p10,v20, fine, danxipan_t;
        ljmd p10_1 := Offs(1jmd _p10,0,0, -20+(V_reg1 Div 4)* 12);！吸盘往下偏移 20mm
        MoveL p10_1,v20, fine, danxipan_t;
        Reset do2;！关闭吸盘
        MoveL  p10, v20, fine, danxipan_t;
        ENDIF
        ENDFOR
        ENDPROC
```

思考与练习

一、填空题

1. 安装对象 Attacher 在设置 Execute 信号时，Attacher 将_____安装到_____上。如果_____为机械装置，还必须指定要安装的 Flange。

2. 拆除对象 Detacher 在设置 Execute 信号时，Detacher 会将 Child 从其所安装的父对象上拆除。如果选中了_____，位置将保持不变。

3. 机器人进行关节运动时，使用的程序命令为_____。

4. 机器人进行直线运动时，使用的程序命令为_____。

5. 机器人进行圆弧运动时，使用的程序命令为_____。

6. 机器人进行绝对关节运动时，使用的程序命令为_____。
7. 以关节移动，并在拐弯处设置数字输出的指令是_____。

二、选择题
1. 以线性移动，并在拐弯处设置数字输出的指令是（　　）。
   A. MoveJ　　　B. MoveJDO　　　C. MoveL　　　D. MoveLDO
2. IRB120 型机器人的（　　）指令可最方便地回到六个轴的校准位置。
   A. MoveL　　　B. MoveJ　　　C. MoveAbsJ　　　D. ArcL
3. 以下的 RAPID 程序段中，哪个是正确的？（　　）
   A. MoveJ P1,v1000,fine,tool0;　　　B. MoveJ,P1,v1000,fine,tool0;
   C. MoveJ P1,fine,v1000,tool0;　　　D. MoveJ,P1,fine,v1000,tool0;
4. 以下不属于 ABB 机器人运动指令的是（　　）。
   A. MoveC　　　B. MoveJ　　　C. MoveS　　　D. MoveABSJ
5. 返回原例行程序的指令是（　　）。
   A. ProcCall　　　B. CallByVar　　　C. RETURN　　　D. STOP
6. RAPID 编程中，新建例行程序时，默认的程序名称为（　　）。
   A. Routine1　　　B. Module11　　　C. Procedure　　　D. T_ROB1
7. 使用 Reltool 指令返回的是（　　）数据类型。
   A. robjoint　　　B. string　　　C. robtarget　　　D. singdata
8. 给字符型变量 string1 赋值的正确表达是（　　）。
   A. string1：="abc";　　　B. string1：='abc';
   C. string1：=abc;　　　D. string1：={abc};
9. 给数字型变量 num1 赋值的正确表达是（　　）。
   A. num1：={123};　　　B. num1：='123';
   C. num1：="123";　　　D. num1：=123;
10. 创建夹爪 Smart 组件时，若要使夹爪释放工件后保持工件位置不变，需勾选动作 Detacher 中的（　　）。
    A. Transition　　　B. KeepPosition　　　C. Active　　　D. SensorOut
11. 处理目标点时可以批量处理，（　　）+ 鼠标左键选中剩余的所有目标点，再统一进行调整。
    A. Alt　　　B. Ctrl　　　C. Shift　　　D. Shift+Ctrl

三、编程题
请按照要求把程序补充完整。
```
PROC rountin1()
    MoveAbsJ Home\NoEOffs,v2000,fine,tool0;   // 移动到安全点
    MoveJ Offs(p10,0,0,200),v2000,fine,tool0; // 到 p10 上方 200mm 处
    MoveL p10,v2000,fine,tool0;               // 到 p10
    _____;                         // 打开信号 do_xipan
    _____;                         // 等待 1s
    _____;           // 回到 p10 上方 200mm 处
    _____;                         // 关闭信号 do_xipan
    WaitTime 1;                               // 等待 1s
    MoveJ Offs(p20,0,0,200),v2000,fine,tool0; // 回到 p20 上方 200mm 处
    MoveAbsJ Home\NoEOffs,v2000,fine,tool0;   // 回到安全点
ENDPROC
```

项目五
多类型工件搬运工作站

项目引入

项目引入

某企业采用 IRB 2600 型串联型六轴机器人实现了多类型几何形状物料的摆放工作,几何形状物料摆放如图 5-1 所示。要求工业机器人在自动运行的模式下能实现将工作台 A 上的几何形状物料搬运至工作台 B 上,夹具使用吸盘代替。分析机器人的运行轨迹和工艺流程,对其进行轨迹的编程与调试,通过离线示教方式来完成功能演示。

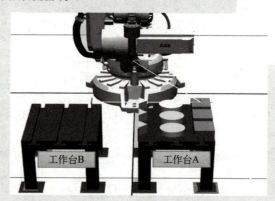

图 5-1 多类型几何形状物料搬运

项目目标

知识目标
1. 掌握带参数的程序的创建方法;
2. 掌握 I/O 控制指令;
3. 掌握循环条件判断指令的应用方法。

能力目标
1. 能够创建带参数的程序并调用嵌套程序;
2. 能够使用条件判断指令和循环指令完成路径规划;
3. 能够对程序进行调试和仿真。

素质目标
1. 形成安全意识、规矩意识,形成"6S"素养;
2. 强化对不同类型工件的尺寸测算精准,拾取点和放置点计算无误差的意识;
3. 培养自主分析问题、解决问题的能力和创新思维。

知识链接

本项目考查学习者 RAPID 程序的创建、例行程序的多层嵌套调用,以及常用的逻辑编程指令的应用。

一、RAPID 程序结构

RAPID 程序中包含了一连串控制机器人的指令,执行这些指令可以实现对 ABB 工业机器人的控制。应用程序是使用 RAPID 编程语言的特定词汇和语法编写而成的。RAPID 是一种英文编程语言,所包含的指令可以移动机器人、设置输出、读取输入,还能实现决策、重复其他指令、构造程序、与系统操作员交流等功能。RAPID 程序的架构有以下要点(表 5-1)。

① RAPID 程序是由程序模块与系统模块组成的。一般来说,只通过新建程序模块来构建机器人的程序,而系统模块多用于系统方面的控制。

② 可以根据不同的用途创建多个程序模块,如专门用于主控制的程序模块,用于位置计算的程序模块,用于存放数据的程序模块,这样便于归类管理不同用途的例行程序与数据。

③ 每一个程序模块包含了程序数据、例行程序、中断程序和功能四种对象,但不一定在一个模块中都有这四种对象,程序模块的程序数据、例行程序、中断程序和功能是可以在程序间互相调用的。

④ 在 RAPID 程序中,只有一个主程序 main,它存在于任意一个程序模块中,并且作为整个 RAPID 程序执行的起点。

表 5-1 RAPID 程序的基本架构

RAPID 程序				
程序模块 1	程序模块 2	程序模块 3	程序模块 4	程序模块 5
程序数据	程序数据	程序数据	程序数据	程序数据
主程序 main				
例行程序	例行程序	例行程序	例行程序	例行程序
中断程序	中断程序	中断程序	中断程序	中断程序
功能	功能	功能	功能	功能

二、I/O 控制指令

ABB 提供了多种编程指令可以完成工业机器人的焊接、码垛、搬运等各种应用。下面将从最常用的指令开始学习 RAPID 编程。RAPID 进入的方法:首先打开示教器 ABB 菜单,选择"程序编辑器",如图 5-2 所示。接着选中要插入指令的程序位置,此时选中部分高亮显示为蓝色。点击"添加指令"按钮,如图 5-3 所示,打开指令列表,点击"Common"按钮可切换到其他分类的指令列表。

I/O 控制指令用于控制 I/O 信号,以达到机器人与周边设备进行通信的目的。

1. Set 数字信号置位指令

Set 指令用于将数字输出(Digital Output)置位为"1",do1 为数字输出信号。

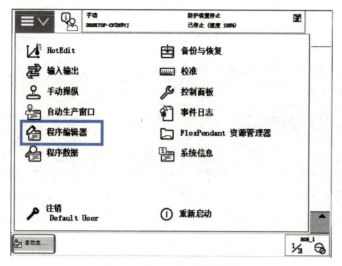

图 5-2 选择"程序编辑器"

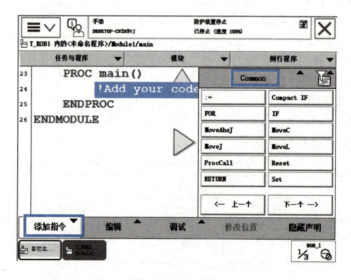

图 5-3 添加指令

Set do1；

2. Reset 数字信号复位指令

Reset 指令用于将数字输出（Digital Output）置位为"0"。如果在 Set、Reset 指令前有运动指令 MoveJ、MoveL、MoveC、MoveAbsJ 的转弯区数据，必须使用 fine 才可以准确地输出 I/O 信号状态的变化。

Reset do1；

3. WaitDI 数字输入信号判断指令

WaitDI 指令用于判断数字输入信号的值是否与目标一致，di1 为数字输入信号。

WaitDI di1, 1；

程序执行此指令时，等待 di1 的值为 1。如果 di1 为 1，则程序继续往下执行；如果到达最大等待时间 300s（此时间可根据实际进行设定）以后，di1 的值还不为 1，则机器人报警或进入出错处理程序。

4. WaitDO 数字输出信号判断指令

WaitDO 指令用于判断数字输出信号的值是否与目标一致。
WaitDO do1, 1;
参数以及说明同 WaitDI 指令。

三、条件逻辑判断指令

条件逻辑判断指令用于对条件进行判断后，执行相应的操作，是 RAPID 的重要组成部分。

1. Compact IF 紧凑型条件判断指令

Compact IF 指令用于当一个条件满足以后，就执行一条指令。
IF flag1 = TRUE Set do_xipan;
如果 flag1 的状态为 TRUE，则 do_xipan 被置位为 1。

2. IF 条件判断指令

IF 指令是根据不同的条件去执行不同的指令。
指令解析：
IF num1=3 THEN
 flag: =TRUE;
ELSEIF num1=5 THEN
 flag1: =FALSE;
ELSE
 Set do_xipan;
ENDIF

如果 num1 为 3，则 flag1 会赋值为 TRUE。如果 num1 为 5，则 flag1 会赋值为 FALSE。除以上两种条件之外，则 do_xipan 置位为 1。条件判断的条件数量可以根据实际情况进行增加或减少。

3. FOR 重复执行判断指令

FOR 指令用于一条或多条指令需要重复执行次数的情况。
FOR j FROM 1 TO 3 DO
 pick1;
ENDFOR
例行程序 pick1，重复执行 6 次。

4. WHILE 条件判断指令

WHILE 指令用于在满足给定条件的情况下，一直重复执行对应的指令。
WHILE num1>num2 DO
 num1: =num1-1;
ENDWHILE
在 num1>num2 条件满足的情况下，就一直执行 num1: =num1-1 的操作。

四、赋值指令

赋值指令用于对程序数据进行赋值，符号为 ": ="，赋值对象是常量或数学表达式。

常量赋值：reg1：=15；
数学表达式赋值：reg2：=reg1+16；

五、其他指令

1. ProcCall 调用例行程序指令

ProcCall 指令用于在指定的位置调用例行程序。ProcCall 指令的使用步骤如图 5-4 所示：首先选中"<SMT>"为要调用的例行程序的位置，然后在添加指令的列表中，选择"ProcCall"指令选中要调用的例行程序 Routine1，然后点击"确定"按钮，最后调用例行程序执行的结果。

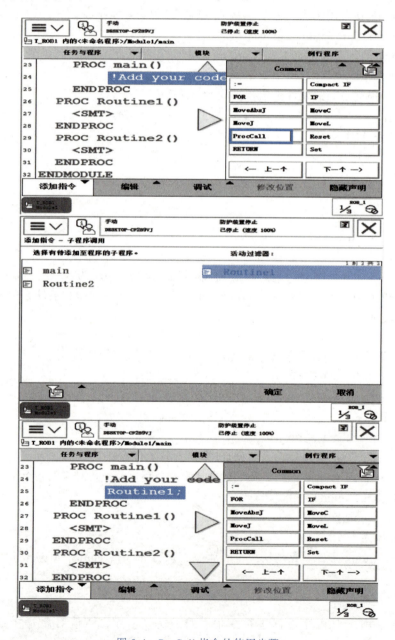

图 5-4　ProcCall 指令的使用步骤

2. RETURN 返回例行程序指令

当此指令被执行时，立即结束本例行程序的执行，程序指针返回到调用此例行程序的位置。

如图 5-5 所示，当 flag1=1 时，执行 RETURN 指令，程序指针返回调用 Routine1 的位置并继续向下执行"MoveJ p10，v1000，z50，tool0；"。

图 5-5　RETURN 指令

3. WaitTime 时间等待指令

WaitTime 指令用于程序在等待一个指定的时间以后再继续向下执行。

WaitTime 5；

Reset Laser2；

等待 5s 以后，程序向下执行 Reset Laser2 指令。

如图 5-6 所示，机器人工具中心点法兰盘末端以每秒 1000mm 的关节速度运动到 p10，等待 5s，再以线性运动精确到达 p20 位置。

图 5-6　WaitTime 指令

项目实施

任务一　多类型工件搬运例行程序的创建

任务描述

将多类型工件搬运工作站的压缩文件解压，完成工作站机器人目标点和例行程序的创建，机器人目标点如图 5-7 所示，包括安全点（pHome）、拾取基点（p_pickBase）、放置基点（p_placeBase）、拾取点（p_pick）、放置点（p_place）。例行程序的创建如图 5-8 所示，包括主程序 main、初始化程序 initial、循环程序 cycle、拾取程序 PICK、放置程序 PLACE。

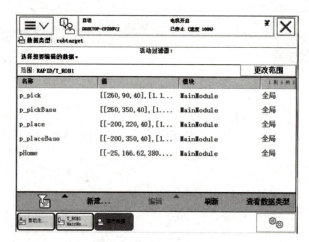

图 5-7　机器人目标点

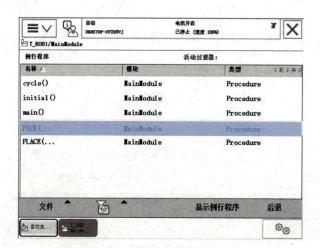

图 5-8　需要创建的例行程序

任务分析

按照任务要求,首先打开示教器切换到手动模式,进入"程序数据"界面,找到"robtarget",通过新建机器人目标点,完成安全点、拾取基点、放置基点、拾取点、放置点的创建。关键是要将目标点都创建在同一模块中,并且将存储类型都选择为"可变量",切不可设置为"常量",否则将不能修改目标点,无法完成目标点的示教。

接下来进入示教器的"程序编辑器",创建例行程序,程序类型都默认为全局。由于工件是 3 行 3 列,所以在创建拾取子程序和放置子程序时,需要各添加两个参数,分别代表"行"和"列",这两个参数的类型都是数字量(num)(系统会自动默认参数类型)。图 5-9 所示为创建带参数的例行程序,两个参数为 row 和 column。

图 5-9 创建带参数的例行程序

任务实施

1. 实施要求

① 打开示教器切换到手动模式,进入"程序数据"界面,创建 5 个机器人目标点。
② 在"程序编辑器"中创建 2 个带参数的例行程序和 3 个不带参数的例行程序。

2. 设备器材

表 5-3 所示为完成任务所需要的设备及工具。

表 5-2 实践设备及工具列表

名称	规格型号	数量	备注
计算机	内存 8GB 以上	1 台	
软件	RobotStudio 6.08	1 个	
rslib 模型	Gripper.rslib	1 个	

续表

名称	规格型号	数量	备注
rslib 模型	IRB2600_12_165_01.rslib、工件桌.rslib	各 1 个	
rslib 模型	矩形_1.rslib、矩形_2.rslib、矩形_3.rslib	各 1 个	
rslib 模型	圆饼_1.rslib、圆饼_2.rslib、圆饼_3.rslib	各 1 个	
rslib 模型	三角形_1.rslib、三角形_2.rslib、三角形_3.rslib	各 1 个	

3. 实施内容及操作步骤

表 5-3 所示为完成任务所需要的实施内容及操作步骤。

表 5-3　实施内容及操作步骤

步骤	截图	操作步骤说明
一		单击 "RAPID" 功能选项卡，使用鼠标右键单击 "T_ROB1" 选项，选择 "创建模块"，"模块名称" 为 Module1
二		打开控制器里面的示教器，将示教器改为手动模式，点击菜单，选择程序数据，在第三页中找到 "robtarget"

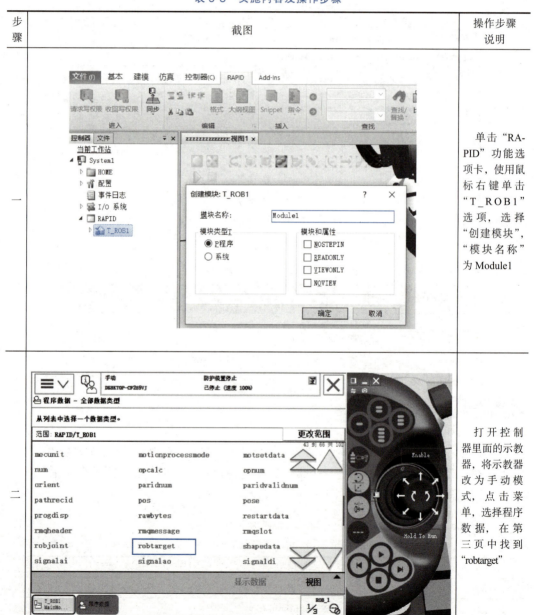

项目五 多类型工件搬运工作站

续表

步骤	截图	操作步骤说明
三	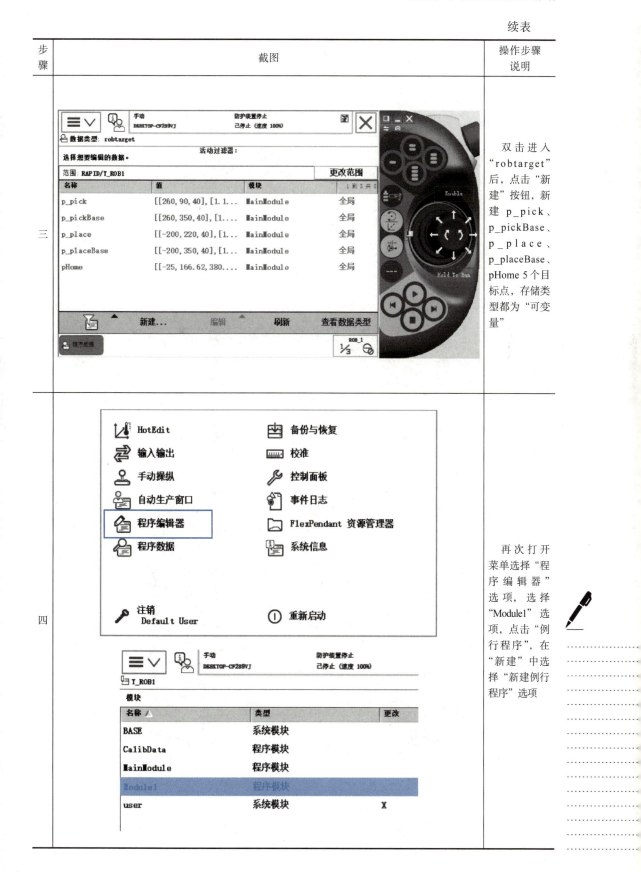	双击进入"robtarget"后，点击"新建"按钮，新建p_pick、p_pickBase、p_place、p_placeBase、pHome 5个目标点，存储类型都为"可变量"
四		再次打开菜单选择"程序编辑器"选项，选择"Module1"选项，点击"例行程序"，在"新建"中选择"新建例行程序"选项

续表

步骤	截图	操作步骤说明
四	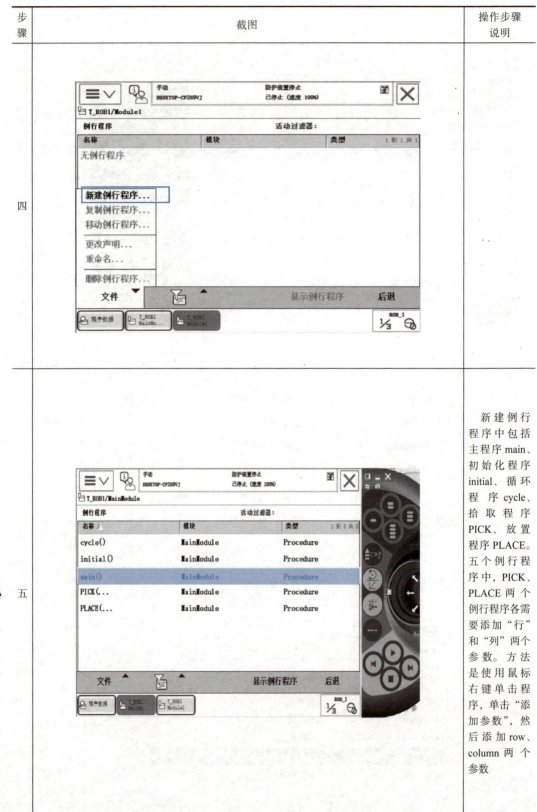	
五		新建例行程序中包括主程序 main、初始化程序 initial、循环程序 cycle、拾取程序 PICK、放置程序 PLACE。五个例行程序中，PICK、PLACE 两个例行程序各需要添加"行"和"列"两个参数。方法是使用鼠标右键单击程序，单击"添加参数"，然后添加 row、column 两个参数

任务二 拾取基点和放置基点的示教

拾取基点和放置基点的示教

任务描述

在完成例行程序的创建和机器人目标点的创建后,对"安全点""拾取基点"和"放置基点"进行示教。

任务分析

1. 机器人安全点示教

机器人安全点设置在两个工作台中间上方位置即可,距基点高 500～800mm。图 5-10 所示为机器人安全点、拾取基点和放置基点。

2. 放置基点和拾取基点的示教

拾取基点即为第一个矩形的中心点,很容易捕捉后示教。放置基点可以由拾取基点和两个工作台的距离及工作台的宽度计算得出。

放置基点 Y 值 = 拾取基点 Y 值 +(300-80/2)+160mm。矩形的宽度为 80mm,如图 5-11 所示;工作台的宽度为 300mm,如图 5-12 所示;两个工作台的距离为 160mm,如图 5-13 所示。

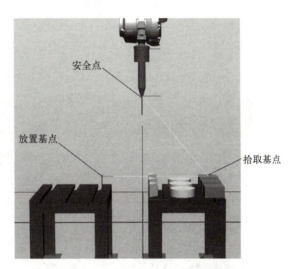

图 5-10 安全点、拾取基点和放置基点

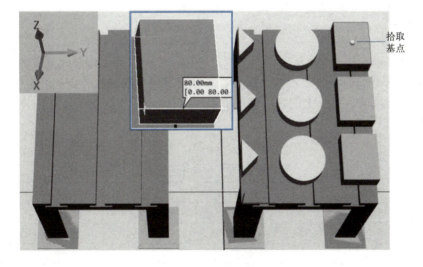

图 5-11 矩形宽度 80mm

图 5-12　工作台宽度 300mm

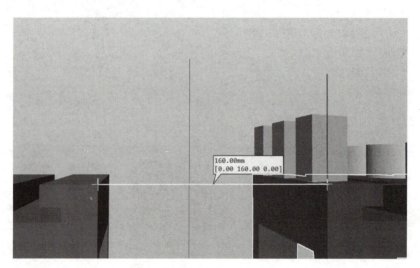

图 5-13　两工作台相距 160mm

任务实施

1. 实施要求

首先示教 home 点，用测量工具测出两个工作台的距离和工作台的宽度并做好记录，然后捕捉拾取基点的中心进行示教，接着通过计算得出放置基点的位置。也可以用吸盘拾取第一个矩形后放置到工作台 B 后进行示教。

2. 设备器材

表 5-4 所示为完成任务所需要的设备及工具。

表 5-4　实践设备及工具列表

名称	规格型号	数量	备注
计算机	内存 8GB 以上	1 台	
软件	RobotStudio 6.08	1 个	
rslib 模型	Gripper.rslib	1 个	
rslib 模型	IRB2600_12_165_01.rslib、工件桌 .rslib	各 1 个	

续表

名称	规格型号	数量	备注
rslib 模型	矩形_1.rslib、矩形_2.rslib、矩形_3.rslib	各 1 个	
rslib 模型	圆饼_1.rslib、圆饼_2.rslib、圆饼_3.rslib	各 1 个	
rslib 模型	三角形_1.rslib、三角形_2.rslib、三角形_3.rslib	各 1 个	

3. 实施内容及操作步骤

表 5-5 所示为完成任务所需要的实施内容及操作步骤。

表 5-5 实施内容及操作步骤

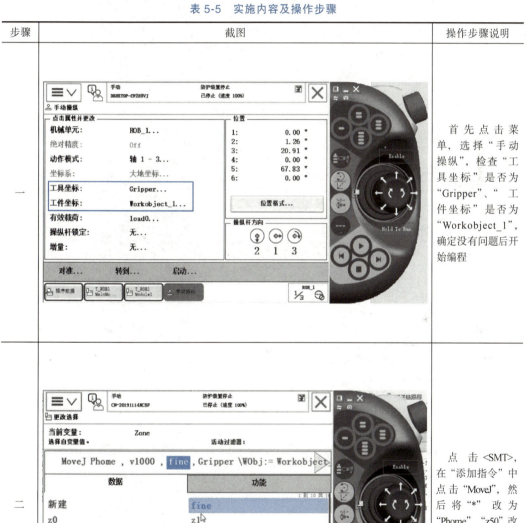

步骤	截图	操作步骤说明
一		首先点击菜单，选择"手动操纵"，检查"工具坐标"是否为"Gripper"、"工件坐标"是否为"Workobject_1"，确定没有问题后开始编程
二		点击 <SMT>，在"添加指令"中点击"MoveJ"，然后将"*"改为"Phome"、"z50"改为"fine"，点击"确定"按钮

步骤	截图	操作步骤说明
三	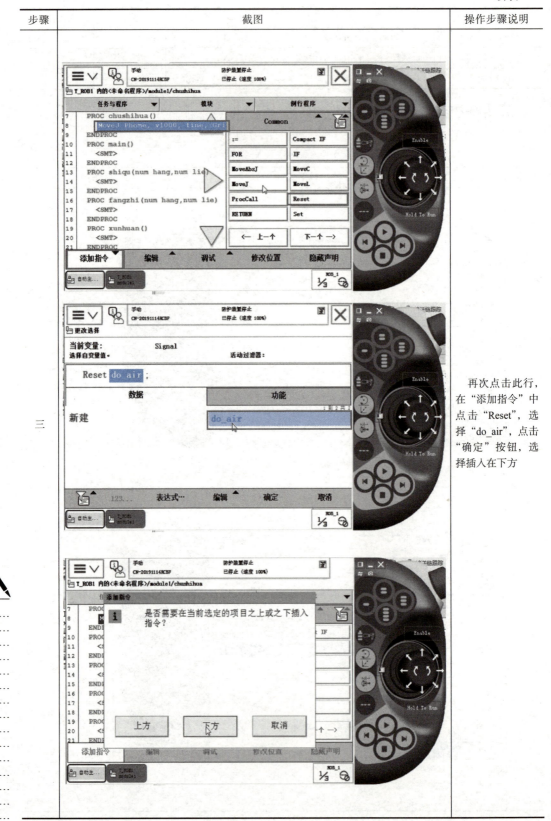	再次点击此行，在"添加指令"中点击"Reset"，选择"do_air"，点击"确定"按钮，选择插入在下方

续表

步骤	截图	操作步骤说明
四	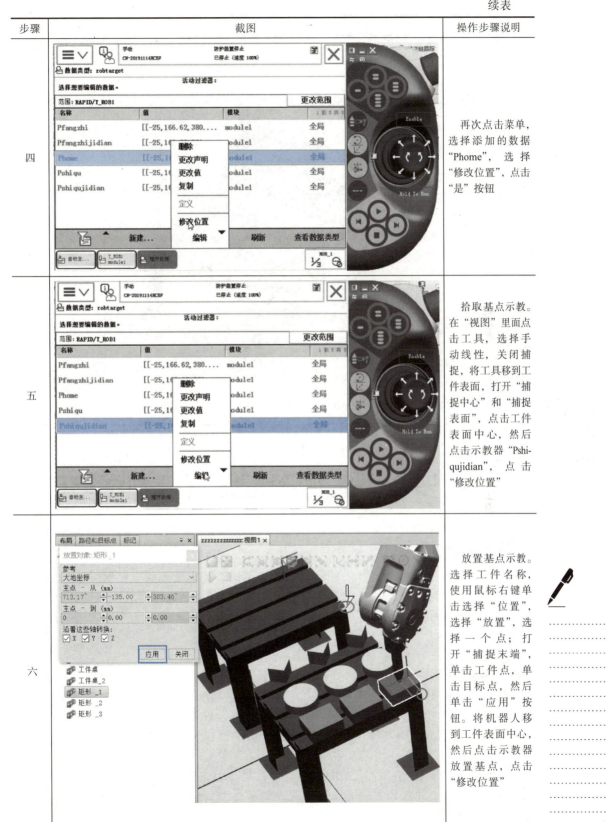	再次点击菜单，选择添加的数据"Phome"，选择"修改位置"，点击"是"按钮
五		拾取基点示教。在"视图"里面点击工具，选择手动线性，关闭捕捉，将工具移到工件表面，打开"捕捉中心"和"捕捉表面"，点击工件表面中心，然后点击示教器"Pshiqujidian"，点击"修改位置"
六		放置基点示教。选择工件名称，使用鼠标右键单击选择"位置"，选择"放置"，选择一个点；打开"捕捉末端"，单击工件点，单击目标点，然后单击"应用"按钮。将机器人移到工件表面中心，然后点击示教器放置基点，点击"修改位置"

续表

步骤	截图	操作步骤说明
六	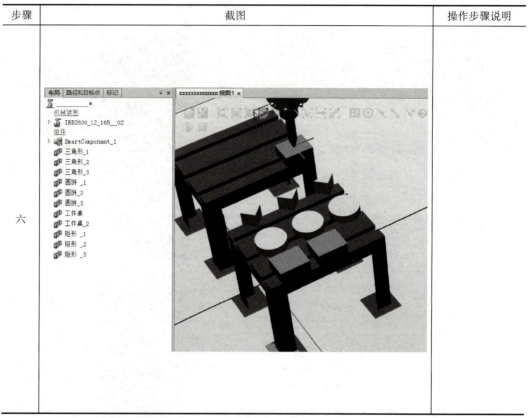	

任务三 多类型工件搬运编程、调试与仿真

任务描述

完成了准备工作后，重点任务就是编程与调试了。本任务要求使用 I/O 控制指令、循环指令、条件判断指令完成多类型工件搬运的编程和调试。要求对搬运过程中的行和列的循环嵌套有深刻的理解。所有程序的编写建议全部在 RAPID 中完成，有利于提高速度。

任务分析

首先可以捕捉每种类型工件的中心，显示出它们的（X、Y、Z）坐标数据，根据数值计算不同类型工件在 X 方向和 Y 方向的距离，以及不同的高度值，以便在编程时使用赋值指令和 Offs 偏移指令进行计算。从图 5-14 中可以看出，在 Z 方向上，第二个点（334.0）比第一个点（拾取基点）的高度（344.0）减去 10mm，第三个点（353.86≈354.0）比第一个点（拾取基点）的高度增加 10mm；在 X 方向上，每个点依次相差 -125mm，在 Y 方向上，每个点依次相差 -130mm（采用自动捕捉中点时会有 5mm 左右误差）。

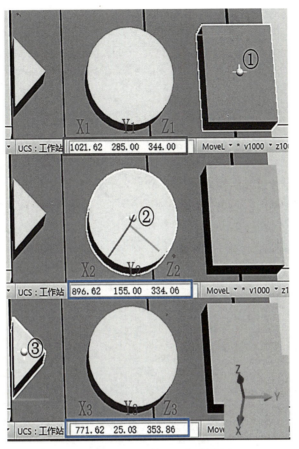

图 5-14　三种工件的坐标点数据

下面是实现搬运的 RAPID 参考程序及详细的注释。

```
PROC main( )                         // 主程序开始
  initial;                           // 初始化程序
  cycle;                             // 循环搬运程序
  MoveL pHome,v1000,fine,Gripper\WObj:=Workobject_1;// 移动到安全点
ENDPROC                              // 主程序结束
  PROC initial()                     // 初始化程序开始
    Reset do_air;                    // 复位吸盘
  MoveL Offs(pHome,0,0,300),v1000,fine,Gripper\WObj:=Workobject_1;
                                     // 移动到安全点上方 300mm 处
      MoveL pHome,v1000,fine,Gripper\WObj:=Workobject_1;
                                     // 移动到安全点
  ENDPROC                            // 初始化程序结束
    PROC PICK(num row,num column)    // 拾取程序开始
      p_pick:=offs(p_pickBase,-125*column,-130*row, 0);
  // 因为拾取点 = 在拾取基点上的偏移，偏移一共有 X,Y,Z 三个方向。X 方向是 -125* 列
数,Y 方向是 -130* 行数,Z 方向是高度,所以为 0,不偏移。
```

```
    IF column=1 THEN              // 如果是第 1 列 ( 第 0 列不偏移, 一共有 3 列: 0,1,2)
       p_pick:=Offs(p_pick,0,0,-10);        // 拾取点在 Z 方向偏移 -10mm
    ELSEIF column=2 THEN          // 如果是第 2 列
       p_pick:=Offs(p_pick,0,0,10);         // 拾取点在 Z 方向偏移 10mm
    ENDIF                         // 条件判断结束
    MoveL Offs(p_pick,0,0,300),v1000,fine,Gripper\WObj:=Workobject_1;
                                  // 移动到拾取点上方 300mm 处
    MoveL p_pick,v1000,fine,Gripper\WObj:=Workobject_1; // 移动到拾取点
    Set do_air;                   // 打开吸盘
    WaitTime 0.3;                 // 等待 0.3s
ENDPROC                           // 拾取程序结束
PROC PLACE(num row,num column)    // 放置程序开始
    p_place:=Offs(p_placeBase,-125*column,-130*row,0);
// 因为放置点 = 在放置基点上的偏移, 偏移一共有 X,Y,Z 三个方向。X 方向是 -125* 列
数, Y 方向是 -130* 行数, Z 方向是高度, 所以为 0, 不偏移。
    IF column=1 THEN              // 如果列数为第 1 列 ( 第 0 列不偏移, 一共有 3 列: 0,1,2)
       p_place:=Offs(p_place,0,0,-10);      // 放置点在 Z 方向偏移 -10mm
    ELSEIF column=2 THEN          // 如果列数为第 2 列
       p_place:=Offs(p_place,0,0,10);       // 拾取点在 Z 方向偏移 10mm
            ENDIF                 // 条件判断结束
    MoveL Offs(p_place,0,0,300),v1000,fine,Gripper\WObj:=Workobject_1;
                                  // 移动到放置点上方 300mm 处
    MoveL p_place,v1000,fine,Gripper\WObj:=Workobject_1;// 移动到放置点
    Reset do_air;                 // 关闭吸盘
    WaitTime 0.3;                 // 等待 0.3s
    ENDPROC                       // 放置程序结束
    PROC cycle()                  // 循环程序开始
       FOR i FROM 0 TO 2 DO
       FOR j FROM 0 TO 2 DO       // 内循环;            外循环使列数每次加 1
         PICK j,i;                // 先搬运第 0 列 的 3 行    ( j 是行数, i 是列数 )
         PLACE j,i;               // 再搬运第 1 列 的 3 行
       ENDFOR                     // 再搬运第 2 列 的 3 行
    ENDFOR
    ENDPROC                       // 循环程序开始
ENDMODULE                         // 模块结束
```

任务实施

1. 实施要求

使用 I/O 控制指令、循环指令、条件判断指令并结合程序的嵌套调用完成多类型工件搬运工作站的编程、调试和仿真。

2. 设备器材

表 5-6 所示为完成任务所需要的设备及工具。

表 5-6　实践设备及工具列表

名称	规格型号	数量	备注
计算机	内存 8GB 以上	1 台	
软件	RobotStudio 6.08	1 个	
rslib 模型	Gripper.rslib	1 个	
rslib 模型	IRB2600_12_165_01.rslib、工件桌 .rslib	各 1 个	
rslib 模型	矩形 _1.rslib、矩形 _2.rslib、矩形 _3.rslib	各 1 个	
rslib 模型	圆饼 _1.rslib、圆饼 _2.rslib、圆饼 _3.rslib	各 1 个	
rslib 模型	三角形 _1.rslib、三角形 _2.rslib、三角形 _3.rslib	各 1 个	

3. 实施内容及操作步骤

表 5-7 所示为完成任务所需要的实施内容及操作步骤。

表 5-7　实施内容及操作步骤

步骤	截图	操作步骤说明
| 一 | ```
8  PROC main()
9      initial;
10     cycle;
11     MoveL pHome, v1000, fine, Gripper\WObj:=Workobject_1;
12  ENDPROC
13  PROC initial()
14      Reset do_air;
15      MoveL Offs(pHome,0,0,300), v1000, fine, Gripper\WObj:=Workobject_1;
16      MoveL pHome, v1000, fine, Gripper\WObj:=Workobject_1;
17  ENDPROC
18
19  PROC PICK(num row,num column)
20      p_pick:=Offs(p_pickBase,-125*column,-130*row,0);
21      IF column=1 THEN
22          p_pick:=Offs(p_pick,0,0,-10);
23      ELSEIF column=2 THEN
24          p_pick:=Offs(p_pick,0,0,10);
25      ENDIF
26      MoveL Offs(p_pick,0,0,300), v1000, fine, Gripper\WObj:=Workobject_1;
27      MoveL p_pick, v1000, fine, Gripper\WObj:=Workobject_1;
28      Set do_air;
29      WaitTime 0.3;
30  ENDPROC
31  PROC PLACE(num row,num column)
32      p_place:=Offs(p_placeBase,-125*column,-130*row,0);
33      IF column=1 THEN
34          p_place:=Offs(p_place,0,0,-10);
35      ELSEIF column=2 THEN
36          p_place:=Offs(p_place,0,0,10);
37      ENDIF
38      MoveL Offs(p_place,0,0,300), v1000, fine, Gripper\WObj:=Workobject_1;
39      MoveL p_place, v1000, fine, Gripper\WObj:=Workobject_1;
40      Reset do_air;
41      WaitTime 0.3;
42  ENDPROC
43  PROC cycle()
44      FOR i FROM 0 TO 2 DO
45          FOR j FROM 0 TO 2 DO
46              PICK j,i;
47              PLACE j,i;
48          ENDFOR
49      ENDFOR
50  ENDPROC
51 ENDMODULE
``` | 单击工作站，按照左图进行程序的编辑和修改、调试 |
```

步骤	截图	操作步骤说明
二	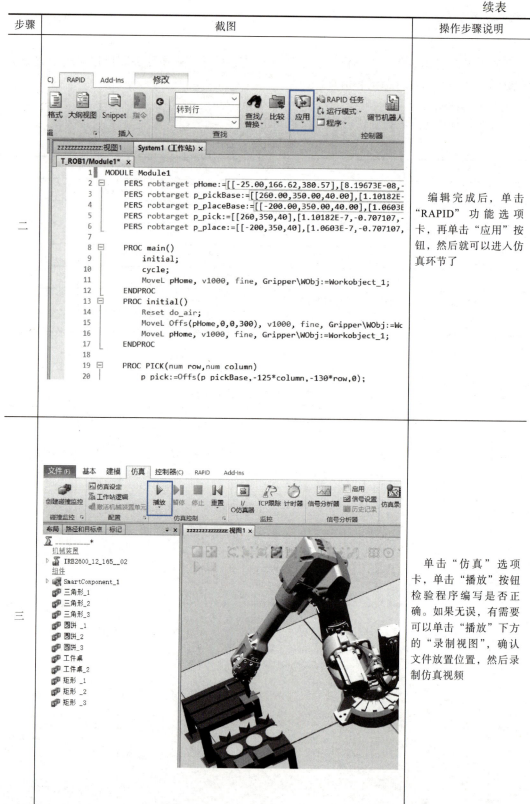	编辑完成后，单击"RAPID"功能选项卡，再单击"应用"按钮，然后就可以进入仿真环节了
三		单击"仿真"选项卡，单击"播放"按钮检验程序编写是否正确。如果无误，有需要可以单击"播放"下方的"录制视图"，确认文件放置位置，然后录制仿真视频

项目总结

本项目是使用 I/O 控制指令、循环指令、条件判断指令并结合程序的嵌套调用完成多类型工件搬运的离线编程、调试和仿真,编程的关键点主要是工作流程及应用程序编写。

图 5-15 所示为搬运工作流程。在搬运过程中,由于机器人吸盘所夹持的工件具有一定的柔性,因此要求气动吸盘力度适中,保证夹持后工件不跌落,需要设置等待时间产生足够的真空吸力,以确保抓手能够抓起工件。在编写程序的过程中,要避免机器人碰撞和姿态方面的调整。示教拾取点 p_pick、放置基点 p_placeBase、安全点 pHome 等几个关键位置,结合 MoveL、MoveJ、MoveC 等指令很容易完成机器人的编程。

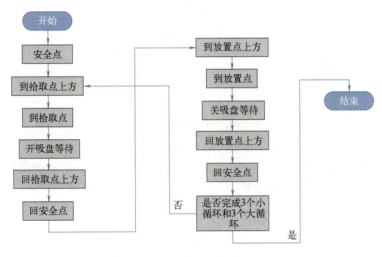

图 5-15　搬运工作流程

 ## 项目评价

具体评价方法见表 5-8。

表 5-8 项目考核评价表

项目内容	评分标准	配分	扣分	得分
完成机器人工具和工件的导入和配置	①工件导入不成功，每个扣 2 分 ②工件不能摆放至正确位置，每处扣 3 分 ③工具导入不成功，扣 2 分 ④工具不能正确装配至机器人法兰盘，扣 3 分	15		
配置 I/O 单元、信号	每少配置一个点扣 2 分，扣完为止	15		
创建机器人基本数据	①除工具坐标系和工件坐标系外，每缺失一个数据扣 3 分，创建不准确酌情给分 ②工具坐标系建立不成功或错误，扣 4 分 ③工件坐标系建立不成功或错误，扣 4 分	15		
机器人运行轨迹分析	①不能根据工件尺寸合理安排机器人的运行轨迹，扣 4 分 ②工具的姿态分析不合理，每处扣 2 分	15		
任务轨迹的离线编程操作	①演示过程中检测到碰撞，扣 10 分 / 次 ②运行轨迹不按工艺要求，每处扣 5 分 ③缺少必需的安全过渡点，每处扣 5 分 ④缺少 I/O 控制功能，每处扣 1 分 ⑤未按轨迹规划的指定方向、指定起点运行，扣 5 分 ⑥设置点偏差超过 2mm，每个点扣 2 分 ⑦未完成机器人工作环境的创建，缺少一项扣 2 分 ⑧未完成机器人搬运轨迹的设计和优化，扣 5 分	20		
功能演示	①没有信号指示或指示错误，每处扣 2 分 ②演示功能错误或缺失，按比例扣分；无任何正确的功能现象，本项为 0 分	20		
备注	各项目的最高扣分不应超过配分数			
开始时间	结束时间		实际时间	

项目扩展

1. 扩展要求

完成工业机器人圆形物料摆放工作站的编程与仿真,进一步熟练掌握例行程序的创建和编写、程序的调研、轨迹的优化、I/O 信号的设置。

2. 扩展内容

某企业采用 IRB 120 串联型六轴机器人实现了圆形物料的摆放工作。要求工业机器人在自动运行的模式下能实现将工作台上(图 5-16)的圆形物料搬运至图 5-17 所示位置。要求工件旋转 60°,夹具使用吸盘代替。分析机器人的运行轨迹和工艺流程,对其进行轨迹的编程与调试,通过离线仿真来完成功能演示。

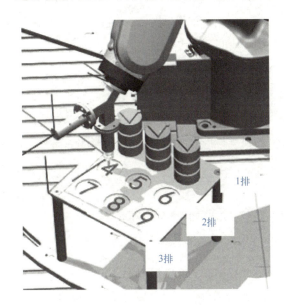

图 5-16 圆形物料摆放前

图 5-17 圆形物料摆放后

3. 扩展思考

在对工件进行摆放时,你是如何实现工件旋转的,是用工具偏移指令还是用工件坐标偏移方法呢?请结合训练情况,谈谈你的做法。

4.RAPID 参考程序

```
PROC main()
    initial;
  cycle;
  MoveL phome,v100,fine,TCPAir\WObj:=Workobject_1;
  TPWrite "The pieces have been changed!";
ENDPROC
PROC initial()
    TPErase;
  Reset do_sucker_open;
    MoveL Offs(phome,0,0,50),v100,fine,TCPAir\WObj:=Workobject_1;
  MoveL phome,v100,fine,TCPAir\WObj:=Workobject_1;
ENDPROC
PROC PICK(num column,num
layer) !**************?i=3,?j=2**************
    p_pick:=Offs(p_pickBase,55*column,0,−23.49*layer);
  MoveL Offs(p_pick,0,0,50),v100,fine,TCPAir\WObj:=Workobject_1;
  MoveL p_pick,v100,fine,TCPAir\WObj:=Workobject_1;
  Set do_sucker_open;
  WaitTime 1;
  MoveL Offs(p_pick,0,0,50),v100,fine,TCPAir\WObj:=Workobject_1;
ENDPROC
PROC PLACE(num row,num
column)   !**************i=3?,j=2?**************\Rz:=90
    IF row<1 THEN
    p_place:=Offs(p_placeBase,55*column,−55*row,0);
  ELSE
    p_place:=Offs(p_placeBase,55*column,−55*row,0);
    p_place:=RelTool(p_place,0,0,0\Rz:=120);
  ENDIF
  MoveL Offs(p_place,0,0,50),v100,fine,TCPAir\WObj:=Workobject_1;
    MoveL p_place,v100,fine,TCPAir\WObj:=Workobject_1;
  Reset do_sucker_open;
    WaitTime 1;
  MoveL Offs(p_place,0,0,50),v100,fine,TCPAir\WObj:=Workobject_1;
ENDPROC
PROC cycle()
  FOR i FROM 0 TO 1 DO
  FOR j FROM 0 TO 2 DO
  PICK j,i;
  PLACE i,j;
```

```
        ENDFOR
      ENDFOR
    ENDPROC
    PROC modify()
        MoveL phome,v100,fine,TCPAir\WObj:=Workobject_1;
        MoveL p_pickBase,v100,fine,TCPAir\WObj:=Workobject_1;
        MoveL p_placeBase,v100,fine,TCPAir\WObj:=Workobject_1;
    ENDPROC
```

思考与练习

一、填空题

1. RAPID 程序是由_____与_____组成。一般来说，只需通过新建_____来构建机器人的程序，而_____多用于系统方面的控制。

2. 每一个程序模块包含了_____、_____、_____和_____四种对象。

3. 在 RAPID 程序中，只有一个_____，并且存在于任意一个程序模块中，并且是作为整个 RAPID 程序执行的起点。

4. _____指令用于将数字输出置位为"1"，_____指令用于将数字输出复位为"0"。

5. 如果在 Set、Reset 指令前有运动指令 MoveJ、MoveL、MoveC、MoveAbsJ 的转弯区数据，必须使用_____才可以准确地输出 I/O 信号状态的变化。

6. _____指令用于当一个条件满足了以后，就执行一句指令。

7. _____指令用于在给定条件满足的情况下，一直重复执行对应的指令。

8. _____指令用于对编程时的程序数据进行赋值，符号"：="。

9. 通过使用_____指令在指定的位置调用例行程序。

10. 当执行_____指令时，则立即结束本例行程序的执行，返回程序指针到调用此例行程序的位置。

11. _____指令用于程序在等待一个指定的时间以后，再继续向下执行。

二、编程题

1. IF 条件判断指令编程。

_____　　　　如果 num1=101，那么

_____　　　　flag 赋值为 TRUE

_____　　　　否则，如果 num1=9，那么

_____　　　　flag1 赋值为 FALSE

_____　　　　否则

_____　　　　将 do_hezi 信号置位。

ENDIF

2. FOR 重复执行判断指令编程：里有循环嵌套，使例行程序 PICK1 重复执行 8 次。

_____　　　　　外循环 2 次
_____　　　　　内循环 4 次
_____　　　　　例行程序 PICK1
_____　　　　　结束内循环
_____　　　　　结束外循环

项目六
机器人多图形绘制工作站

📋 项目引入

项目引入

使用离线编程方法模拟绘制多个相同图形的机器人工作站，具体要求是：将绘图模块进行倾斜设定（倾斜角度约为30°），手动安装绘图笔，标定并验证绘图斜面工件坐标系和绘图笔工具坐标系，创建并正确命名例行程序。进行工业机器人示教编程（需调用斜面工件坐标系和绘图笔工具坐标系，且绘图笔需垂直绘图斜面进行绘图，需沿虚线绘制，不得超出实线边界），实现工业机

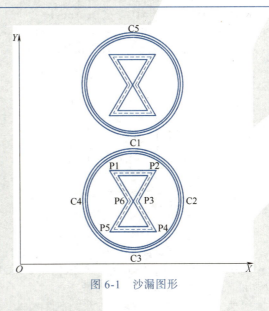

图 6-1 沙漏图形

器人在斜面上自动绘图的功能，绘制的沙漏图形如图 6-1 所示。工业机器人需从工作原点开始运行，绘图完成后返回工作原点。

📋 项目目标

知识目标
1. 学会设定绘图模块的方法；
2. 掌握坐标转换指令的应用方法；
3. 掌握绘图笔工具坐标系的标定；
4. 掌握绘图模块斜面工件坐标系的标定。

能力目标
1. 学会坐标转换指令的应用；
2. 能够使用程序嵌套调用完成多图形绘制的编程；
3. 学会使用离线编程软件进行多图形绘制程序的优化；
4. 能够使用离线编程方法进行仿真和调试。

素质目标
1. 形成安全意识、规矩意识，形成"6S"素养；
2. 培养学生在两个图形起始点示教时的反复对比力求完全一致的严格态度；
3. 培养自主分析问题、解决问题的能力和创新思维。

知识链接

一、PDispOn 指令

坐标转换指令可以使工业机器人坐标通过编程进行实时转换，在运行轨迹保持不变时，快捷地完成工作位置的修正。使用 PDispOn（平移）指令转换坐标如图 6-2 所示，p20 为平移转换的参考点，使用 PDispOn 指令转换后的坐标为 p10。该指令可以实现在不同位置绘制相同图形的功能。

MoveL p10，v200，z5，tool1；
PDispOnExep：=p10，p20，tool1；
MoveL p10，v200，fine\Inpos：=inpos50，tool1；   // 坐标旋转 50°
PDispOn\Rot\Exep：=p10，p20，tool1；

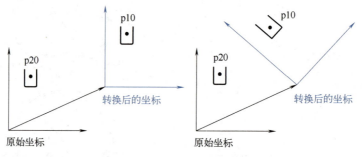

图 6-2　使用 PDispOn 指令转换坐标

PDispOn 指令参数有 [\Rot]、[\ExeP]、[\Tool]、[\WObj]。其中，Rot 为坐标旋转开关；Exep 为运行起始点；Tool 为工具坐标系；WObj 为工件坐标系。PDispOn 指令与坐标转换功能失效指令 PDispOff 配对使用。

```
PDispOn ExeP：=p10,p11,tool1；           // 坐标转换指令生效
MoveL p20,v500,z10,tool1；
MoveL p30,v500,z10,tool1；
PDispOff；                               // 坐标转换指令失效
MoveL p50,v500,z10,tool1；
```

二、PDispSet 指令

坐标转换指令 PDispSet（偏移）可以通过设定坐标偏差量使工业机器人坐标通过编程进行实时转换，在运行轨迹保持不变时，可快捷地完成工作位置的修正。下面程序实现了沿 X 方向坐标偏移 100mm。当使用 PDispOff 指令时，坐标转换指令失效。

```
VAR pose xp100：=[[100,0,0],[1,0,0,0]]；
PDispSet xp100；                         // 坐标转换指令生效
MoveL p20,v500,z10,tool1；
PDispOff；                               // 坐标转换指令失效
MoveL p30,v500,z10,tool1；
```

 项目实施

任务一　　工作站的布局和系统创建

工作站的布局和系统创建

任务描述

完成机器人多图形绘制工作站的布局、模块设置和系统创建，如图 6-3 所示。将绘图模块进行倾斜设定（倾斜角度为 30°～45°）。绘图笔安装在机器人末端后与绘图模块成 90°垂直关系。机器人与绘图模块的相对位置要合理，尽量避免在机器人绘图时遇到奇异点而停止运行。

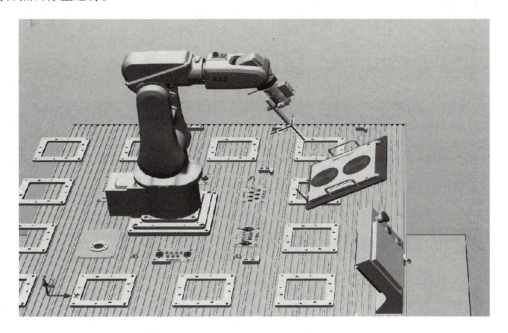

图 6-3　多图形绘制工作站的布局

任务分析

按照任务要求，创建程序之前要创建工件坐标系 WObj_Plane3，按照图 6-4 所示位置使用三点法标定工件坐标系。在离线编程软件中为 Workobject_1。ABB 工业机器人系统支持自定义工作空间，机器人在自定义工作空间中仍可实现线性及重定位动作。在实际应用场景中，这一特性可用于解决工作区域与机器人大地坐标系（基坐标系）非正交状态时操作不便的问题。也可以通过重新定义工作空间的方式，将自定义工作空间内的动作移动至其他位置，从而实现程序的复用。本任务首先标定工件坐标系绘制矩形，然后将工件坐标系沿 X 轴和 Y 轴进行平移变换，在新的坐标系下，运行绘制矩形的程序，观察可见矩形随着工件坐标系的变换发生了位移。

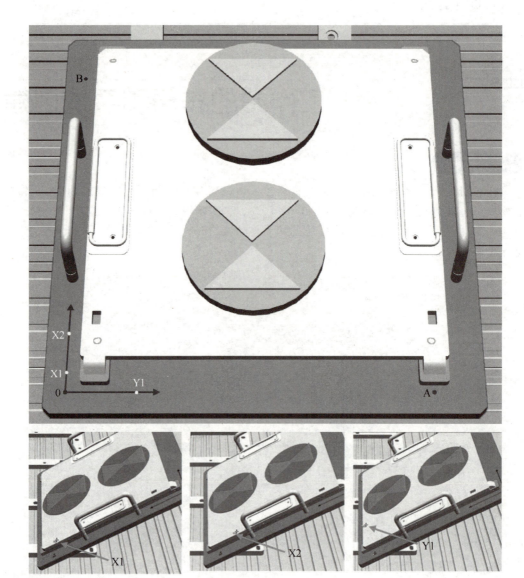

图 6-4 标定工件坐标系

任务实施

1. 实施要求

① 导入汇博实训台和绘图模块。
② 导入绘图笔。
③ 设定绘图模块的位置。
④ 调整绘图笔的角度。

2. 设备器材

表 6-1 所示为完成任务所需要的设备及工具。

项目六　机器人多图形绘制工作站

表 6-1　实践设备及工具列表

名称	规格型号	数量	备注
计算机	内存 8GB 以上	1 台	
软件	RobotStudio 6.08	1 个	
几何体模型	Pentool 绘图笔 .rslib	1 个	
几何体模型	绘图模块 _ 片 .stp	1 个	
几何体模型	机器人工作桌台 .stp	1 个	
几何体模型	沙漏模型 .rslib	1 个	

3. 实施内容及操作步骤

表 6-2 所示为完成任务所需要的实施内容及操作步骤。

表 6-2　实施内容及操作步骤

步骤	截图	操作步骤说明
一	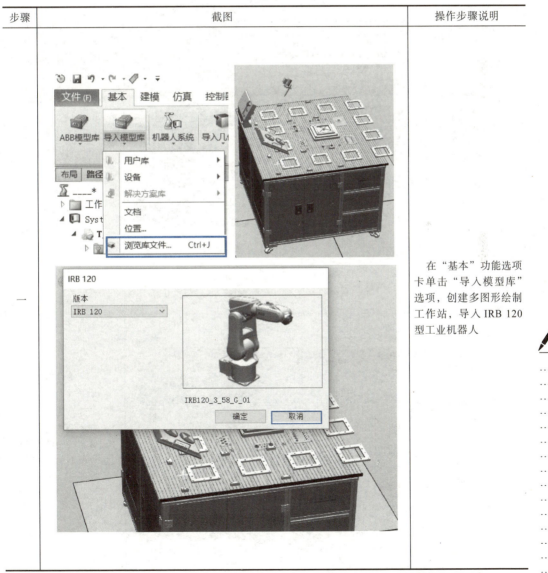	在"基本"功能选项卡单击"导入模型库"选项，创建多图形绘制工作站，导入 IRB 120 型工业机器人

续表

步骤	截图	操作步骤说明
二	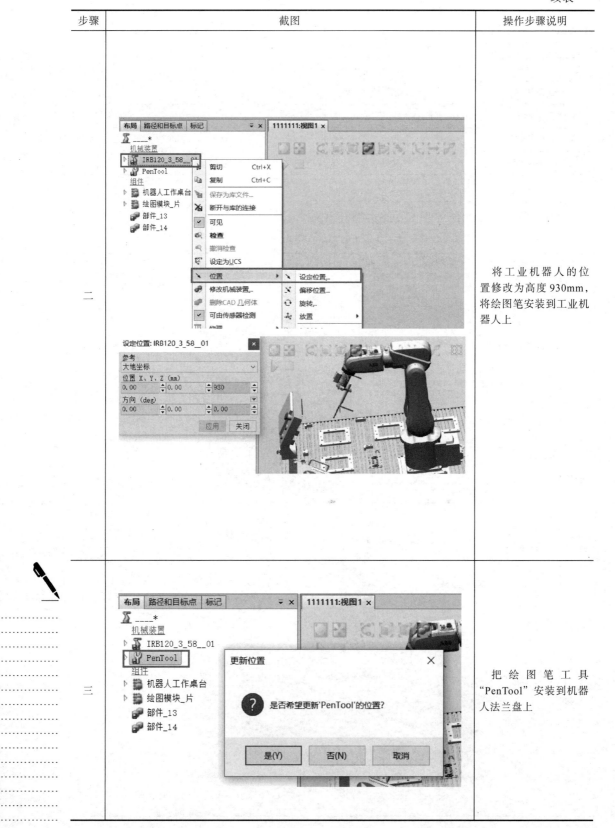	将工业机器人的位置修改为高度930mm，将绘图笔安装到工业机器人上
三		把绘图笔工具"PenTool"安装到机器人法兰盘上

续表

步骤	截图	操作步骤说明
四	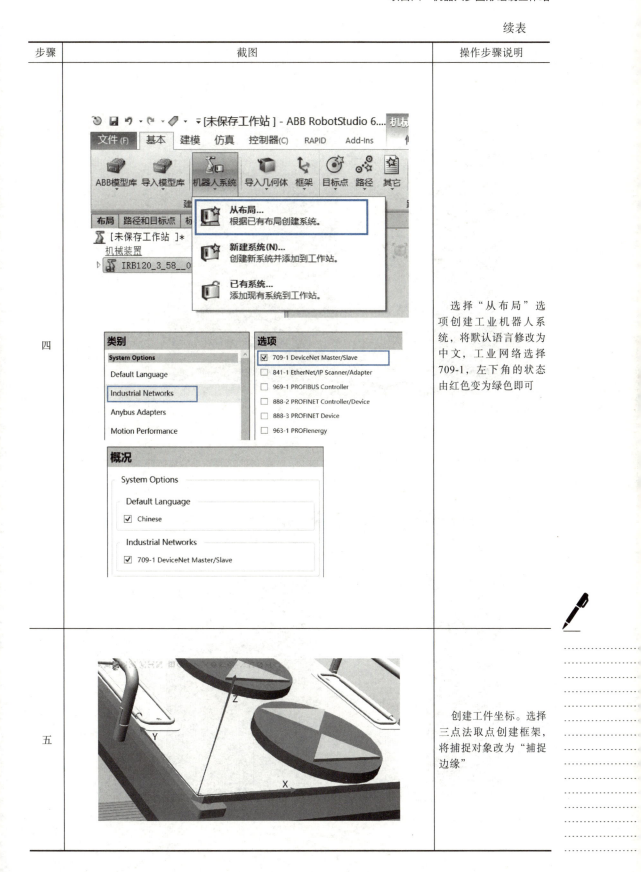	选择"从布局"选项创建工业机器人系统,将默认语言修改为中文,工业网络选择709-1,左下角的状态由红色变为绿色即可
五		创建工件坐标。选择三点法取点创建框架,将捕捉对象改为"捕捉边缘"

续表

步骤	截图	操作步骤说明
六	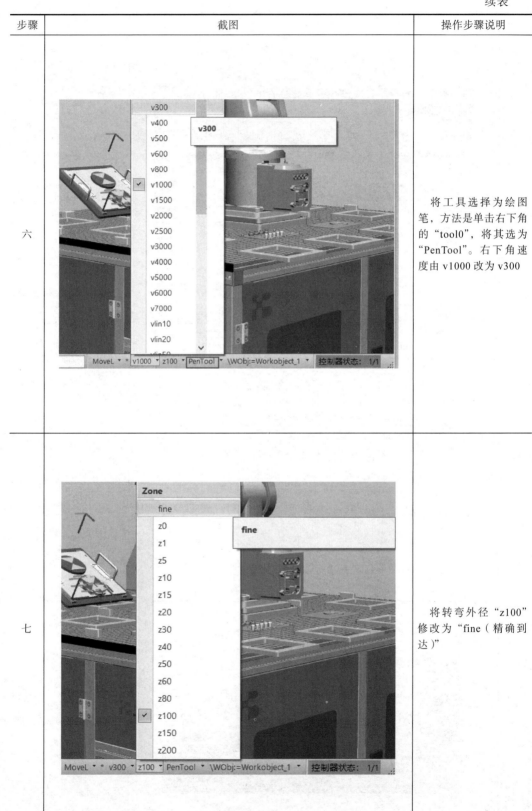	将工具选择为绘图笔，方法是单击右下角的"tool0"，将其选为"PenTool"。右下角速度由v1000改为v300
七		将转弯外径"z100"修改为"fine（精确到达）"

续表

步骤	截图	操作步骤说明
八	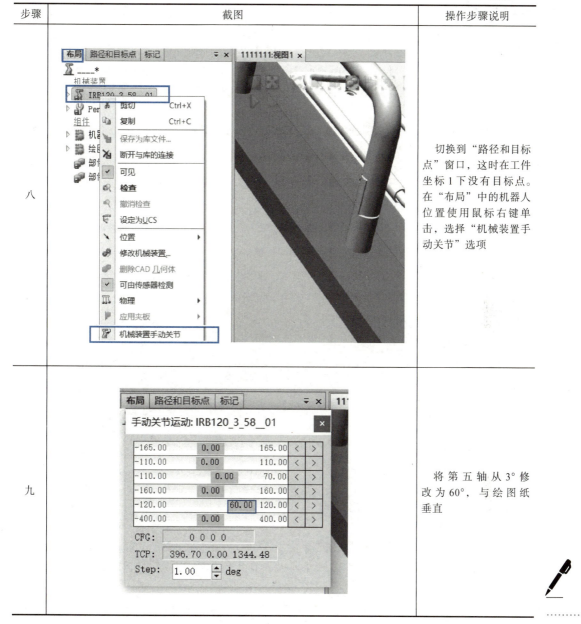	切换到"路径和目标点"窗口，这时在工件坐标1下没有目标点。在"布局"中的机器人位置使用鼠标右键单击，选择"机械装置手动关节"选项
九		将第五轴从3°修改为60°，与绘图纸垂直

任务二　创建和调试第一图形的路径

任务描述

完成多图形绘制工作站的第一个图形的绘制。具体包括：自动路径的创建，移动指令的选择，转弯半径和机器人速度的调整，工具姿态和方向的调整，机器人参数的配置，路径偏离值和接近值的设置。

创建和调试第一图形的路径

> 任务分析

1.ABB 机器人奇异点定义

利用无限量的机械臂配置可获得机械臂在空间内的位置，以确定工具的位置和方位。但在基于工具的位置和方位计算机械臂角度时，有些位置，也就是人们熟知的奇异点，却成了一个问题。一般来说，机械臂有两类奇异点，即臂奇异点和腕奇异点。

① 臂奇异点。臂奇异点就是腕中心（轴 4、轴 5 和轴 6 的交点）正好直接位于轴 1 上方的所有配置。臂奇异点如图 6-5 所示。

② 腕奇异点。腕奇异点是指轴 4 和轴 6 处于同一条线上（即轴 5 角度为 0°）的配置。腕奇异点如图 6-6 所示。

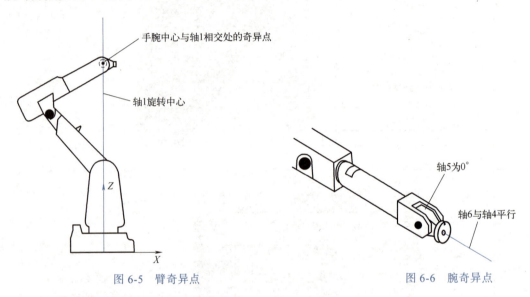

图 6-5　臂奇异点　　　　　　　　　图 6-6　腕奇异点

2.如何避免机器人出现奇异点

（1）布局及夹具设计

在进行工作站布局时，要考虑机器人和各个设备之间的摆放位置，尽量避免机器人工作过程中经过奇异点；还要考虑机器人夹具在工作中对机器人姿态的影响，进而避免奇异点。

如果已指定参数 Wrist，则对方位进行接头插补，以避免奇异点。在这种情况下，TCP 遵循正确的路径，但是工具方位会稍微偏离。当未通过奇异点时，也将出现上述情况。

（2）SingArea 指令

在编程时，SingArea 指令用于机器人自动规划当前轨迹经过奇异点时的插补方式。

SingArea Wrist：允许轻微改变工具的姿态，以便通过奇异点。

SingArea Off：关闭自动插补。

① 使用说明

SingArea 用于定义机械臂如何在奇异点附近移动。SingArea 也用于定义拥有不到 6 个轴的机械臂的线性和圆周插补，在轴 4 锁定为 0°或 ±180°的情况下，可编程六轴机械臂的运行。本指令仅可用于主任务 T_ROB1，如果在 MultiMove 系统中，则可用于运动任务中。

② 可选参数 SingArea [/Wrist][/LockAxis4][/Off]

Wrist：数据类型为 switch，允许工具方位稍微偏离，以避免腕奇异点。其适用于轴 4 和轴 6 平行的情况（轴 5 为 0°），同时适用于拥有不到 6 个轴的机械臂的线性和圆周插补。

LockAxis4：数据类型为 switch，通过将轴 4 锁定在 0°或 ±180°，达到编程位置。如果轴 4 位于 0°或 ±180°时，未编程位置，则当前将获得不同的工具方位。如果轴 4 的起始位置偏离锁定位置 2°以上，则此移动将表现为通过参数 Wrist 来调用 SingArea。

Off：数据类型为 switch，不允许工具方位出现偏离。当未通过奇异点，或不允许方位发生改变时，要求适用。如果未指定任何参数，则将系统设置为 Off。

③ 举例

例一：

SingArea Wrist；

指令含义：可略微改变工具方位，以通过奇异点（机器人的轴 4 和轴 6）。拥有不到 6 个轴的机械臂可能无法达到插补的工具方位。通过使用该指令，机械臂可实现移动，但是工具方位将会略微改变。

例二：

SingArea Off；

指令含义：不允许工具方位偏离编程方位。如果通过奇异点，则一个或多个轴可实现彻底的移动，从而导致速率降低。拥有不到 6 个轴的机械臂可能无法达到编程的工具方位，因此机械臂将停止。

例三：

SingArea LockAxis4；

指令含义：通过将轴 4 锁定在 0°或 ±180°，可编程六轴机械臂的运行，从而避免在轴 5 接近于零时的奇异点问题。通过将轴 4 锁定在 0°或 ±180°，可达到编程位置。如果当轴 4 位于 0°或 ±180°时，未编程位置，则当前将获得不同的工具方位。如果轴 4 的起始位置偏离锁定位置 2°以上，则此移动将表现为通过参数 Wrist 来调用 SingArea。在所有后续移动中，轴 4 将保持锁定，直至执行新的 SingArea 指令。

任务实施

1. 实施要求

① 完成自动路径的创建。
② 调整工具姿态和方向。
③ 配置机器人的参数。
④ 设置路径的偏离值和接近值。

2. 设备器材

表 6-3 所示为完成任务所需要的设备及工具。

表 6-3 实践设备及工具列表

名称	规格型号	数量	备注
计算机	内存 8GB 以上	1 台	
软件	RobotStudio 6.08	1 个	

续表

名称	规格型号	数量	备注
几何体模型	PenTool 绘图笔 .rslib	1个	
几何体模型	绘图模块 _ 片 .stp	1个	
几何体模型	机器人工作桌台 .stp	1个	
几何体模型	沙漏模型 .rslib	1个	

3. 实施内容及操作步骤

表 6-4 所示为完成任务所需要的实施内容及操作步骤。

表 6-4　实施内容及操作步骤

步骤	截图	操作步骤说明
一	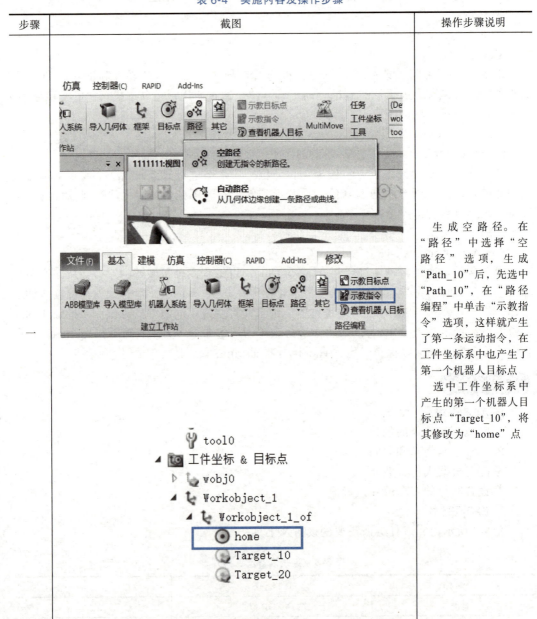	生成空路径。在"路径"中选择"空路径"选项，生成"Path_10"后，先选中"Path_10"，在"路径编程"中单击"示教指令"选项，这样就产生了第一条运动指令，在工件坐标系中也产生了第一个机器人目标点 选中工件坐标系中产生的第一个机器人目标点"Target_10"，将其修改为"home"点

项目六 机器人多图形绘制工作站

续表

步骤	截图	操作步骤说明
二		将对象捕捉关闭，选择机器人"手动线性"将机器人移动到合适的位置，再打开"捕捉末端"，使绘图工具放在介于两个圆形中间的位置，单击"示教指令"，将生成的新的目标点命名为"GouDuDian"
三		选择"自动路径"选项，将捕捉改为"捕捉对象"
四		单击参照面，选择沙漏的表面，将"近似值参数"修改为"圆弧运动"，"偏离"点和"接近"点都设置为50mm

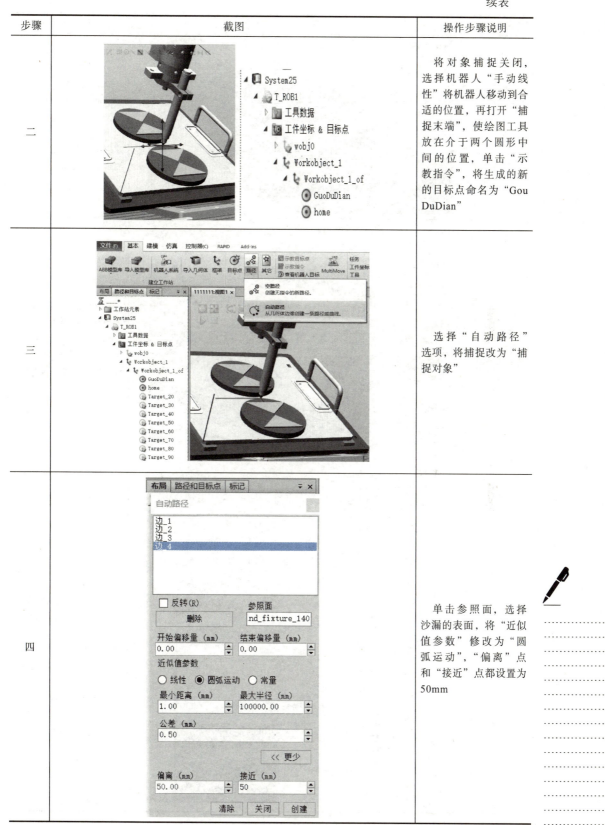

153

续表

步骤	截图	操作步骤说明
五		将捕捉更改为"捕捉边缘",选中第一条边,按住Shift键选中其他边,单击"创建"。白色轨迹即为已经选择好的路径
六		路径创造好之后,选择查看目标工件,使目标工件与原来位置保持一致,复制该方向,将其应用到所有方向
七		对Path_10进行"自动配置",配置完成后再单击"沿着路径运动"选项,对该路径进行仿真。创建圆形路径,参照面选择圆形,将捕捉改为"捕捉对象","近似值参数"改为"圆弧运动","偏离"点设置为50mm,将捕捉改为"捕捉边缘",选中第一条边,单击"创建"

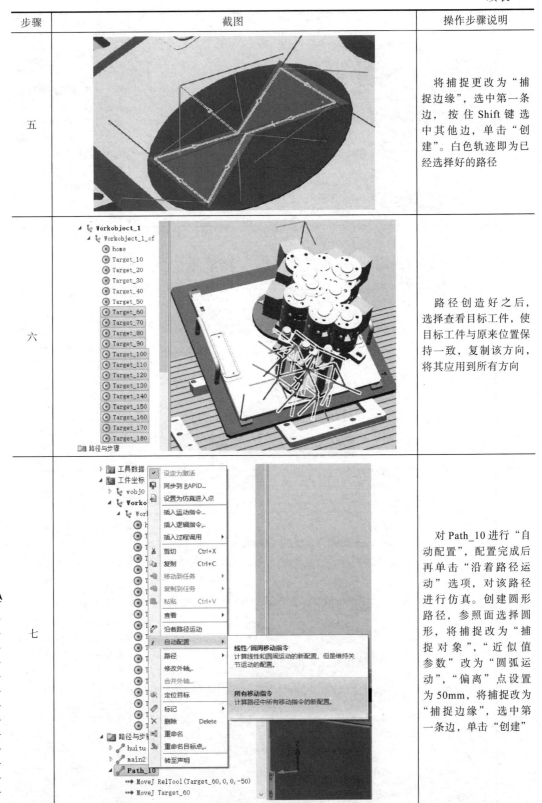

续表

步骤	截图	操作步骤说明
八		复制"Target_50"方向应用到圆形的目标点上,单击"Path_30",并同步到示教器
九		打开示教器,切换到手动状态,将目标点"Target_130"修改为"Target_90",同步到工作站,对该路径进行自动配置
十		将"Path_20"拖到"Path_10"下,将"Path_30"拖到"Path_20"下,将"Path_10"命名为"huitu",再次同步到示教器

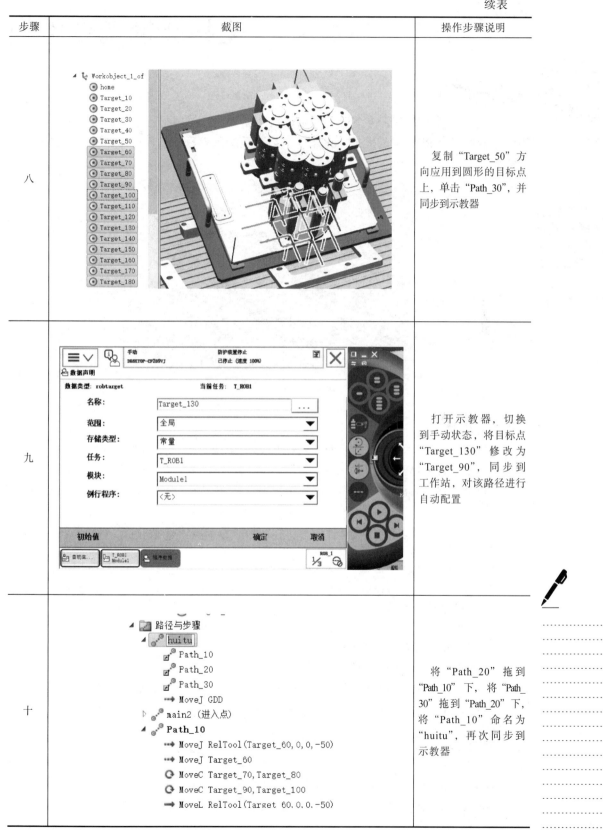

任务三 坐标转换指令绘图

任务描述

使用坐标转换指令绘制第二图形

本任务要求使用坐标转换指令绘制第二个相同的沙漏图形，如图 6-7 所示。通过使用坐标转换指令 PDispOn 和 PDispOff，可以不重新示教目标点，快速在不同位置绘制相同图形。

多图形绘制的仿真运行

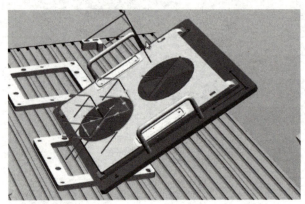

图 6-7 第二个图形的绘制

任务分析

本任务在编程的过程中需要将第一个图形的生成程序重命名为"huitu"，再创建一个主程序 main，然后在主程序中执行"huitu"程序绘制第一个图形，再应用 PDispOn 指令打开坐标转换后调用"huitu"程序来绘制第二个图形，调用完毕后，执行 PDispOff 指令关闭坐标转换。参考程序如下。

```
PROC main() // 主程序
MoveL home,v300,fine,PenTool \WObj:=Workobject_1;// 安全点
MoveL GuoDuDian,v300,fine,PenTool \WObj:=Workobject_1; // 过渡点
huitu;// 绘图子程序
PDispOn\Exep:=a,Target_10,PenTool\WObj:=Workobject_1;// 打开坐标转换
huitu;// 再次执行绘图子程序
PDispOff; // 关闭坐标转换
MoveL GuoDuDian,v300,fine,PenTool\WObj:=Workobject_1;// 回过渡点
MoveL home,v300,fine,PenTool\WObj:=Workobject_1;// 回安全点
ENDPROC
PROC Path_20()    // 画圆圈里面的沙漏形状程序
MoveL Target_10,v300,fine,PenTool\WObj:=Workobject_1;
MoveL Target_20,v300,fine,PenTool\WObj:=Workobject_1;
MoveL Target_30,v300,fine,PenTool\WObj:=Workobject_1;
```

```
MoveL Target_40,v300,fine,PenTool\WObj:=Workobject_1;
MoveL Target_50,v300,fine,PenTool\WObj:=Workobject_1;
MoveL Target_60,v300,fine,PenTool\WObj:=Workobject_1;
MoveL Target_70,v300,fine,PenTool\WObj:=Workobject_1;
MoveL Target_80,v300,fine,PenTool\WObj:=Workobject_1;
ENDPROC
PROC Path_30() // 画外圆程序
MoveL Target_90,v300,fine,PenTool\WObj:=Workobject_1;
MoveC Target_100,Target_110,v300,fine,PenTool \WObj:=Workobject_1;
MoveC Target_120,Target_90,v300,fine,PenTool\WObj:=Workobject_1;
MoveL Target_140,v300,fine,PenTool\WObj:=Workobject_1;
ENDPROC
PROC huitu() // 完整地绘制一个图形的程序
Path_20;
Path_30;
ENDPROC
```

任务实施

1. 实施要求

① 创建一个主程序。
② 将第一个图形的生成程序重命名为"huitu"。
③ 在主程序中调用"huitu"。
④ 打开坐标转换指令后调用"huitu",然后关闭坐标转换指令。

2. 设备器材

表 6-5 所示为完成任务所需要的设备及工具。

表 6-5　实践设备及工具列表

名称	规格型号	数量	备注
计算机	内存 8GB 以上	1 台	
软件	RobotStudio 6.08	1 个	
几何体模型	PenTool 绘图笔 .rslib	1 个	
几何体模型	绘图模块_片 .stp	1 个	
几何体模型	机器人工作桌台 .stp	1 个	
几何体模型	沙漏模型 .rslib	1 个	

3. 实施内容及操作步骤

表 6-6 所示为完成任务所需要的实施内容及操作步骤。

表 6-6　实施内容及操作步骤

步骤	截图	操作步骤说明
一	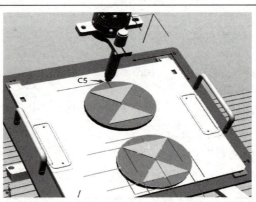	建立空路径
| 二 | ```
PROC huitu()
    Path_10;
    Path_20;
    Path_30;
    MoveJ GDD, v100, fine, PenTool;
ENDPROC

PROC Path_10()
    Movej RelTool(Target_60,0,0,-50), v100, fine, PenTool\WObj:=Workobject_1;
    Movej Target_60,v100,fine,PenTool\WObj:=Workobject_1;
    MoveC Target_70,Target_80,v100,fine,PenTool\WObj:=Workobject_1;
    MoveC Target_90,Target_100,v100,fine,PenTool\WObj:=Workobject_1;
    MoveL RelTool(Target_60,0,0,-50), v100, fine, PenTool\WObj:=Workobject_1;
ENDPROC
PROC Path_20()
    MoveL RelTool(Target_110,0,0,-50), v100, fine, PenTool\WObj:=Workobject_1;
    MoveL Target_110,v100,fine,PenTool\WObj:=Workobject_1;
    MoveL Target_120,v100,fine,PenTool\WObj:=Workobject_1;
``` | 将移动到 home 点和过渡点的程序剪切后粘贴到 huitu 程序中，在 huitu 程序中调用 3 条路径 |
| 三 | 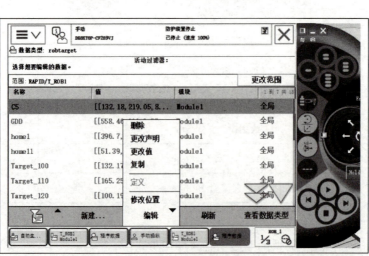 | 找到 Target_10，关闭"捕捉边缘"，选择"手动线性"，选择机器人，将机器人移动到第二个沙漏的中间位置，在绘图中选择"示教指令"，将其点命名为 a 点，然后同步到示教器 |
```

项目六　机器人多图形绘制工作站

续表

步骤	截图	操作步骤说明
四		进入示教器，点击程序编辑器，切换成手动模式，找到main。将huitu程序复制粘贴进去，然后点击"添加指令"，使用坐标转换指令"PDispOn"
五		点击坐标转换指令"PDispOn"后，点击"可选变量"按钮
六		回到主程序，点击"添加指令"，选择Settings指令集，选择打开平移指令，点击确定，然后选择平移指令，选择编辑，选择参数，将平移指令的对象打开，选择"使用"，然后关闭，选择C5点，找到Target_10

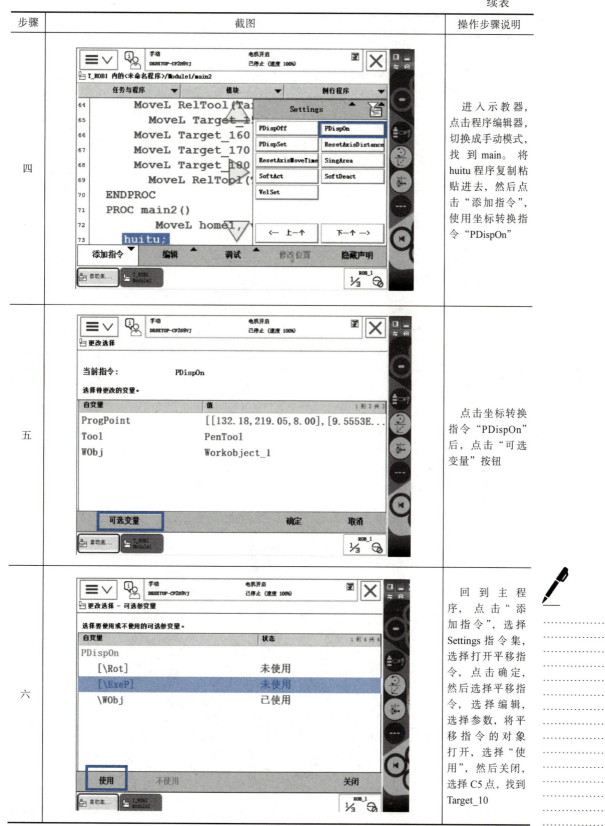

159

步骤	截图	操作步骤说明
| 七 | ```
71  PROC main2()
72      MoveL home1, v100, fine, PenTool;
73   huitu;
74      PDispOn\ExeP:=C5, Target_60, PenTool\WObj:=Workobject_1;
75   huitu;
76      PDispOff;
77      MoveL home1, v100, fine, PenTool;
78  ENDPROC
79 ENDMODULE
``` | 将工具的工件坐标复制到该条指令中即可，打开平移指令后，再次执行绘图程序，然后关闭平移指令（PDispOff），再将前面两条指令复制粘贴，点击"应用" |
| 八 | 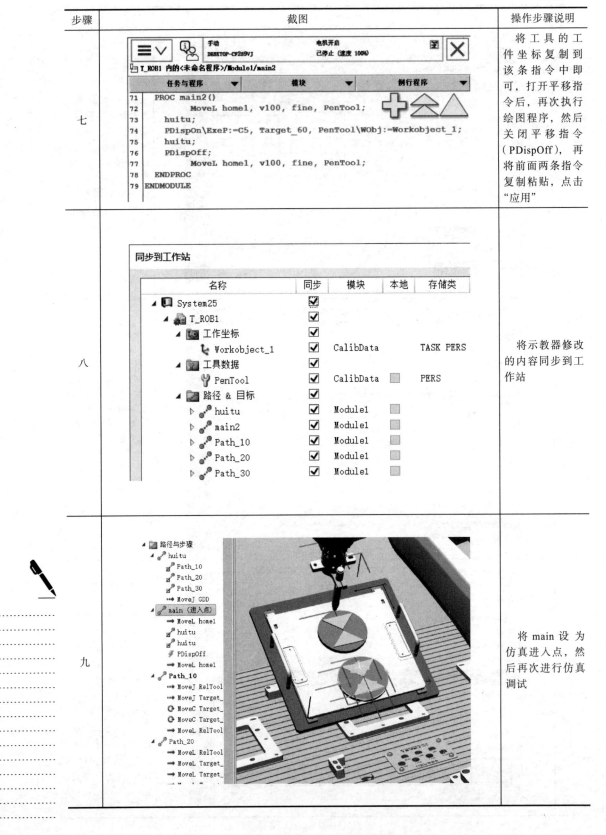 | 将示教器修改的内容同步到工作站 |
| 九 | | 将 main 设为仿真进入点，然后再次进行仿真调试 |
```

项目总结

本项目是用离线编程方法完成两个相同图形绘制的仿真,编程的关键点如下。

1. 工件坐标系的标定

标定工件坐标系时,需要启用标定好的工具坐标系,否则在标定工件坐标系时,可能会因为工具角度姿态的变化导致标定出来的工件坐标系误差增大。

2. 程序设计和路径规划

对于这个图形而言,它是由两个相同的图形构成的,都是由一个外圆和里面的线段图形构成,可以对这个图形进行如下路径规划:以 4 等分的方式,正交分解;取 C1、C2、C3、C4 这 4 个点来绘制圆形;以线段的顶点 P1、P2、P3、P4、P5、P6 来绘制线段图形;因为两个图形都需要绘制,所以这里用程序平移指令来降低编程的工作量。程序平移需要取另一个路径的起始点作为参考点,计算图案平移位置,所以要在上面的图案中找出与 C1 相对应的点,命名为 C5,这样机器人就能计算出偏移路径来。图 6-8 所示为路径规划及示教关键点。

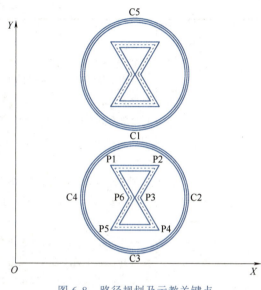

图 6-8 路径规划及示教关键点

路径规划及关键点:

圆形:

C1,C2,C3,C4

线段图形:

P1,P2,P3,P4,P5,P6

平移参考:

C5

使用程序平移指令对整个程序进行平移。第一个图案正常绘制,在编写第二个图案程序时,调用第一个图案的绘制程序前使用程序平移指令——PDispOn 指令,设定参数为 C1、C5,这就是基于两个相同位置的点做程序平移的参考。在绘图程序完成后,使用 PDispOff 指令关闭平移。

 项目评价

具体评价方法见表 6-7。

表 6-7 项目考核评价表

项目内容	评分标准	配分	扣分	得分
设备准备	根据工作站模块布局，手动设定绘图模块面向工业机器人一侧的状态（第 3 个支架，倾角约为 29.2°）；手动将一张 A4 纸安装到绘图模块上；手动取下绘图（雕刻）笔的笔帽，并将绘图（雕刻）笔安装到工业机器人末端	15		
参数设定	创建并标定绘图（雕刻）笔工具坐标系，创建并标定绘图模块斜面工件坐标系（工件坐标系原点位置可以自定义）	15		
离线编程与仿真	打开仿真软件，新建空工作站。先导入工作台和绘图模块，再导入 IRB 120 型机器人，安装到机器人底座上，最后导入工具，安装到机器人法兰上。创建机器人系统，连接计算机和机器人控制器，完成机器人系统的导入。采用三点法标定工件坐标系。使用"自动路径"功能生成绘图模型的离线轨迹。路径开始和结束处插入原点，调整路径目标点的方向，自动配置轴参数，优化运动指令的速度和转角半径。机器人沿路径运动，验证绘图功能	25		
导入并修改离线程序	将仿真软件中离线程序正确导入示教器，适当修改导入后的离线程序，包含修改新建的绘图（雕刻）笔工具坐标系和绘图模块工件坐标系，修改取放工具控制信号等必要程序	25		
绘图验证	操作工业机器人示教器运行工业机器人程序，验证离线程序绘图（雕刻）功能。工业机器人需从工作原点开始运行，然后进行绘图（雕刻）作业，绘图（雕刻）完成后，工业机器人将绘图（雕刻）笔自动放回快换装置，最后工业机器人返回工作原点	20		
备注	各项目的最高扣分不应超过配分数			
开始时间	结束时间	实际时间		

项目扩展

1. 扩展要求

本项目是 1+X "工业机器人应用编程（中级）"考核模块 1 的内容。打开工业机器人配套仿真软件，将绘图笔工具安装到工业机器人模型上，创建并标定绘图笔工具坐标系，创建并标定绘图模块工件坐标系。通过仿真软件进行如图 6-9 所示绘图模型的离线编程（绘图笔需垂直绘图板绘图，调用新建的绘图笔工具坐标系和绘图模块工件坐标系），并在仿真软件中验证功能，工业机器人需从工作原点开始运行，绘图完成后，返回工作原点。

2. 扩展内容

① 操作安全常规（人员整备，设备检查）。
② 根据需要导入相应的三维模型和工具，摆放至合适的位置并配置参数。
③ 配置系统输入输出信号、工作站中各组件的功能。
④ 创建工具数据：对激光切割头进行 TCP（tool center point）标定。
⑤ 创建工件坐标系数据。
⑥ 根据需要创建载荷数据。
⑦ 分析现场提供的运行轨迹图，确定机器人的运行轨迹。
⑧ 根据确定的轨迹方案，完成示教目标点、调节机器人姿态、设置轴参数、使能/复位机器人工具等操作，生成机器人运动轨迹路径及匹配的工具动作，操作过程要符合国家和行业标准。
⑨ 在创建的编程环境中对轨迹进行仿真，查看机器人运行轨迹并生成后置代码。

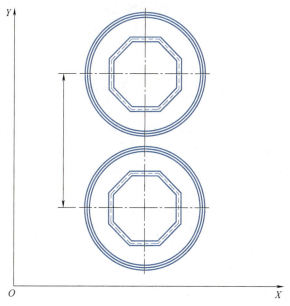

图 6-9　绘图模型

3. 扩展思考

在生成绘图模型的轨迹后，你是如何在 "1+X" 考核设备上进行验证的？中间遇到了什么问题（如绘图笔遇到奇异点卡死）？又是怎么解决的呢？请结合训练情况，谈谈你的做法。

思考与练习

一、填空题

1. PDispOn 指令参数包括 [\Rot]、[\ExeP]、[\Tool]、[\WObj]。其中，_____为坐标旋转开关；_____为运行起始点；_____为工具坐标系；_____为工件坐标系。

2. PDispOn 指令与_____指令配对使用。

3. 使用_____指令，可以通过设定坐标偏差量使工业机器人坐标通过编程进行实时转换，在运动轨迹保持不变时，可快捷地完成工作位置修正。

4. 在进行工作站布局时候，要考虑机器人和各个设备之间的摆放布局位置，尽量避免机器人工作过程中经过_____。

5. _____用于定义机械臂如何在奇异点附近移动。_____指令是允许轻微改变工具的姿态，以便通过奇异点；_____指令用于关闭自动插补。

6. 可选参数 SingArea [/Wrist][/LockAxis4][/Off] 中，_____的数据类型为 switch，允许工具方位稍微偏离，以避免腕奇异点；_____的数据类型为 switch，通过将轴 4 锁定在 0°或 ±180°，可达到编程位置；_____的数据类型为 switch，不允许工具方位出现偏离。

二、编程题

1. 沿 X 方向坐标偏移 200mm 的指令应用，请补充缺失的部分。
VAR pose xp100：=[[100,0,0],[1,0,0,0]];
PDispSet xp100;
MoveL p20,v500,z10,tool1;
_____;   坐标转换功能失效指令

MoveL p30,v500,z10,tool1;
2. 编写一个程序画图形（tuxing），使该图形(tuxing) 画两次。
PROC main() 主程序
MoveL home ,v300,fine , PenTool \WObj: =Workobject_ 1;
MoveL guodu, v300, fine , PenTool \WObj: =Workobject_ 1;
_____; 图形子程序
_____; 打开坐标转换
_____; 再次执行图形子程序
_____; 关闭坐标转换
MoveL guodu, v300 , fine, PenTool\WObj : =Workobject_ 1;
MoveL home , v300, fine , PenTool\WObj : =Workobject_1;
ENDPROC
PROC tuxing ()
MoveL Target_ 10, v300, fine , PenTool \WObj: =Workobject_ 1;
MoveL Target_ 20, v300, fine , PenTool\wObj: =Workobject_ 1;
MoveL Target_ 30,v300, fine, PenTool\WObj: =Workobject_ 1;
MoveL Target_40,v300, fine , PenTool\WObj: =Workobject 1;
MoveL Target_ 50,v300, fine, PenTool\WObj: =Workobject_ 1;
MoveL Target_ 60, v300, fine, PenTool\WObj: =Workobject_ 1;
MoveL Target_ 70, v300, fine, PenTool \WObj : =Workobject_ 1;
MoveL Target_ 80, v300, fine, PenTool\WObj : =Workobject 1;
ENDPROC

参 考 文 献

［1］ 张明文.工业机器人技术基础及应用［M］.哈尔滨：哈尔滨工业大学出版社，2017.
［2］ 李瑞峰，葛连正.工业机器人技术（新工科机器人工程专业规划教材）［M］.北京：清华大学出版社，2019.
［3］ 王卉军，王东哲.工业机器人基础［M］.武汉：华中科技大学出版社，2020.
［4］ 龚仲华，龚晓雯.ABB工业机器人编程全集［M］.北京：人民邮电出版社，2018.
［5］ 马志敏，杨伟，陈玉球.工业机器人技术及应用［M］.北京：化学工业出版社，2017.
［6］ 叶晖.工业机器人典型应用案例精析［M］.北京：机械工业出版社，2013.
［7］ 叶晖等.工业机器人工程应用虚拟仿真教程［M］.2版.北京：机械工业出版社，2021.
［8］ 卢玉锋，胡月霞.工业机器人技术应用（ABB）［M］.北京：中国水利水电出版社，2019.
［9］ 何彩颖.工业机器人离线编程［M］，北京：机械工业出版社，2020.
［10］ 韩鸿鸾、张云强.工业机器人离线编程与仿真［M］.北京：化学工业出版社，2018.